全国示范性高职高专院校建设重点专业"烹饪工艺与营养"规划教材
上海市教育委员会"085"项目建设精品课程

# 中国名菜制作技艺

## （第二版）

主　编　朱水根
副主编　瞿炳尧　吴永杰
主　审　金守郡

上海交通大学出版社

**内容提要**

本书以烹饪专业特有的应用性操作的工艺、流程为主导,注重实践操作。全书分为五章,第一章:绪论,讲述我国烹饪和名菜的发展历程和特点以及当代对中国名菜制作技艺的研究;第二章:名菜原料的认知与鉴定;第三章:调味汁加工;第四章:热菜的烹调方法;第五章:名菜剖析,将经典的菜肴以图文结合的方式诠释名菜的实际制作要点和难点。

本书适用于高职高专烹饪工艺与营养专业的实践教学用书,也可作为餐饮企业与餐饮行业从业人员的培训教材。

**图书在版编目(CIP)数据**

中国名菜制作技艺/朱水根主编. —2版. —上海:
上海交通大学出版社,2016(2021重印)
ISBN 978-7-313-09068-3

Ⅰ.中… Ⅱ.朱… Ⅲ.中式菜肴—菜谱—教材 Ⅳ.TS972.182

中国版本图书馆 CIP 数据核字(2012)第 243494 号

**中国名菜制作技艺(第二版)**

主　　编:朱水根
出版发行:上海交通大学出版社　　　　　　地　　址:上海市番禺路 951 号
邮政编码:200030　　　　　　　　　　　　电　　话:021-64071208
印　　制:常熟市文化印刷有限公司　　　　经　　销:全国新华书店
开　　本:787mm×1092mm　1/16　　　　印　　张:9
字　　数:212 千字
版　　次:2012 年 11 月第 1 版　2016 年 6 月第 2 版　　印　　次:2021 年 8 月第 4 次印刷
书　　号:ISBN 978-7-313-09068-3
定　　价:49.00 元

# 编　委　会

主　　任　　朱水根

副 主 任　　吴永杰　　林苏钦

成　　员

院校专家　　曹红蕾　　张碧海　　瞿炳尧　　穆士会　　李双琦　　李金金

行业专家　　叶国强　　张桂生　　陆亚明　　钱以斌　　邓修青　　鞠俊华

　　　　　　赖声强　　朱一帆　　叶　卫　　李小华　　李伟强

# 总　序

遵循高等职业教育规律与人才市场需求规律相结合的原则,不断开发、丰富教育教学资源,优化人才培养过程,构建和实施符合高职教育规律的专业核心课程一体化教学模式。立足烹饪职业岗位要求,把现实职业领域的行为规范、专业技术、管理能力作为教学的核心,把典型职业工作项目作为课程载体,面向岗位需求组成实景、实境演练的实践课程教学模块,进而有机地构成与职业岗位实际业务密切对接的专业核心课程体系。

《烹饪工艺与营养》专业系列教材建设是我校建设全国示范性院校教学改革和重点专业建设的成果。在坚持工学结合、理实一体人才培养模式和教学模式的基础上,对专业课程体系进行了重构,形成了专业核心课程一体化教学模式和课程体系,即以认识规律为指导,以校企深度合作为基础、以实际工作项目为载体,以项目任务形式将企业工作项目纳入人才培养目标形成核心课程一体化课程体系,形成阶段性能力培养与鉴定的教学过程。

基于这样的改革思路,整合中式烹饪、西式烹饪、中西面点、餐饮管理与服务专业核心课程,融合《餐饮原料采购与管理实训教程》、《营养配餐实训教程》、《中式烹调基本功训练实训教程》、《中国名菜制作技艺实训教程》、《中式面点制作技艺实训教程》、《菜肴创新制作实训教程》、《西式菜肴制作技艺实训教程》、《西式面点制作技艺实训教程》、《西餐名菜制作技艺实训教程》、《厨房组织与运行管理实务》等专业核心课程的教学内容,通过对各专业职业工作过程和典型工作任务分析,选定教学各阶段工学项目模块课程,进而转化成为单元模块课程,构成基于工作过程导向的情境教学工学结合模块式课程体系,并根据各学习领域课程之间的内在联系,合理划分各教学阶段的模块课程。

《烹饪工艺与营养》专业系列教材的建成,有效地解决了原有传统教学实践中教学目标不清晰、教学内容重复、创新能力培养不够、综合技术能力差的弊端,发挥学生能动性,培养学生创新能力,理论知识融汇到实践实战中,让学生体会到"做中学、学中做、做学一体"乐趣。

上海旅游高等专科学校

烹饪与餐饮管理系

2012 年 5 月

# 再版前言

《中国名菜制作技艺》一书写成于 2012 年底,距本书此次修订出版已有 3 余年的时间,再次感谢烹饪教育同仁、广大烹饪专业学生和烹饪爱好者对本书的厚爱,使本书的特色和作用逐渐显现,得到更多肯定。

《中国名菜制作技艺》再次出版,其基本内容的基本框架没有变化,对出版中出现的错误和不准确的表述进行了认真修订和勘误,使本书更具有科学性和严谨性,并借修订机会,增加了部分近期比较有特色的创新传统菜肴,以此展示传统菜肴传承和创新新理念的发展特点。

《中国名菜制作技艺》是上海旅游高等专科学校 1985 年成立烹饪专业以后的专业核心课程,有着三十多年的烹饪教育研究和课程建设的沉淀。本书出版的宗旨在于借中国名菜制作技艺的研究,展示凡一个菜肴之所以能成为中国饮食文化传承的载体、经久不衰的秘诀。

近年来,随着职业教育体系不断完善,烹饪职业教育将作为未来创造新生活方式和幸福生活的热门职业,愈来愈多的烹饪爱好者将选择烹饪职业教育,步入烹饪艺术的殿堂,希望能成为备受广大好食者追捧的"大师"。谁能成为"大师",除具备"大师"为人之大德外,还必须有做事与成事之大道。《中国名菜制作技艺》就是以研究为方法,以实践为手段,以工艺为关键,以特色为生命,挖掘中国名菜的传承的秘诀,从而指导广大烹饪爱好者,只有通过挖掘烹饪的实体性文化、技术性文化,才能开发出具有生命力的精神文化的菜肴,使之成为有特色、有内涵和有生命的菜肴。因此,《中国名菜制作技艺》就是要研究不同地区、气候、习俗所繁衍、生长的地方特色原材料以及人们在日常生活和生产实践中所创造的菜肴,即烹饪的实体性文化研究;就是要研究地方菜肴营养(物理、化学性质、卫生状况)、烹调技术(刀工、火候、调味)、烹调艺术等,即菜肴的技术性文化的研究。通过技术性文化作用于实体性文化,经过长期实践和提炼,形成具有生命力的能得以传承的精神文化艺术作品。

《中国名菜制作技艺》的修订工作是一项长期的烹饪文化研究之旅,希望得到广大专业和非专业爱好者的大力支持,共同努力,使其成为烹饪文化传承的经典教材。在此,对华东师范大学金守郡教授、上海交通大学出版社策划编辑倪华女士的长期不懈的努力和支持表示感谢。

上海旅游高等专科学校

2016 年 5 月 15 日

# 前　言

上海旅游高等专科学校是我国第一所旅游高等学府,成立于1979年,烹饪与餐饮管理系成立于1985年。《中国名菜制作技艺》是烹饪工艺与营养专业核心技术课程,是关于烹调文化、理论、技术、创新等综合应用性技术课程,是总结和挖掘中国地方菜肴制作工艺和特色,积极发展中国烹饪技术和菜肴的一门专业课程。中国名菜制作技艺是在全面归纳、总结传统和现代餐饮的烹饪文化、技艺和经验的基础上,借助餐饮原料学、烹饪基本功、烹饪技术等理论和实践课程,形成其独特的课程体系、教学内容和方法的一门综合性技术课程。经过近30年的发展,在老一辈教师的辛勤工作下,已将该课程建成为在全国同类高校中最具竞争力的课程之一。

随着我国餐饮业的发展,烹饪高等教育也得到了蓬勃发展,中国名菜制作课程的建设和改革得到全面展开,成为体现烹饪技术教学质量、专业特色和衡量学生技术水平高低的标志性课程。2000年,我校烹饪工艺与营养专业被国家教育部确定为高职高专示范性专业,2010年成为全国示范院校建设的重点专业,进一步推动了《中国名菜制作技艺》课程的发展。

多年来坚持教学与教研、科研相结合,理论教学与实践教学相结合,融职业素质、专业知识传授、技术能力培养、创新能力教育于一体的教学理念,即以职业素质、基本技术为核心,以培养创新能力为目的,在传统菜肴文化、技术基础上,突出烹饪文化素养、扎实基本功训练、比较研究创新发展,推进了烹饪技术教育和人才培养。在教学内容上,综合中国名菜相关的文化知识、原料采购和质量检验知识与能力,深入研究中国传统名菜特色,贴近餐饮行业对技术能力需要,培养学生继承和发展中国烹饪文化与技术的能力。

本教材建设的指导思想是通过名菜原料选择技术、烹饪工艺技术、调味技术的研究分析,使学生认识、掌握、理解名菜制作技术要领,通过名师指导训练,提升学生技术能力层次,达到发展和创新菜肴的目的。打破传统教学方式、手段、内容,形成富有特色的创新型教学模式,达到培养学生创新能力的目标。采取指导教师研究分析,挖掘中国名菜、改良菜、创新菜特色,举一反三,拓展学生专业学习能力;采取多角度指导方式,即整合师资共同研究分析完成教学,多位教师共同完成一节课的设计和教学。实行模块式教学设计,分析菜肴选料搭配技巧、烹饪加工技巧、调味汁加工技巧,达到挖掘菜肴制作奥秘和暗香,引导与提升学生创新能力。

《中国名菜制作技艺》是一门综合性技术学科,主要研究的内容是中国名菜文化、原料质量鉴定、烹饪技术研究与创新、调味技术与创新、传统名菜与创新菜肴研究,涉及的学科门类众多。《中国名菜制作技艺》内容共六章,全书由朱水根主编,其中第一、二、三、四章由朱永根编写和主审;第五、六章由瞿炳尧、吴永杰编写。本书在编写过程中参考、借鉴了相关论著的科研成果,在此向有关作者表示感谢。华东师范大学金守郡教授、上海交通大学出版社责任编辑倪华女士在本书出版过程中给予了大力的支持和帮助,深表

谢忱！由于我们理论水平和实际工作能力的限制，书中错误之处在所难免，希望读者和
行家们提出宝贵意见。

上海旅游高等专科学校

2012 年 7 月于上海

# 目　录

## 基础知识篇

## 实践应用篇

基础知识篇

# 第一章 绪 论

中国名菜制作技艺是中国烹饪文化的具体体现。中国烹饪文化是中华传统文化中一个重要组成部分,是"中华饮食文化"中的精髓,是中华民族五千年文明史培育出来的一颗明珠。正如孙中山先生在1919年提出的《建国方略》中曾提到:"中国近代文明进化,事事皆落人后,唯餐饮一道之进步,至今尚为文明各国所不及"。可见,中国烹饪加工工艺(即名菜制作技艺),随着中华民族的多次融合,逐渐形成了广泛而又多样化的统一,积累和丰富了烹饪技艺,形成了中国的四大菜系、八大菜系、十大菜系和众多的地方特色菜肴、特色点心和风味小吃,使中国菜肴被誉为世界烹饪的主流之一。中国烹饪文化的博大精深,被世界人民誉为"吃在中国"、"烹饪王国"。有一位美国人曾说:"美国人的钱袋掌握在犹太人手里,而犹太人的胃却掌握在中国人手里。"一位海外预言家曾预言:"21世纪将是中国烹饪的世纪",中国烹饪的地位和声誉将屹立在世界各地。

## 第一节 中国烹饪和中国名菜概述

### 一、中国烹饪是世界三大烹饪主流派之一

中国菜系、法国菜系和土耳其菜系是世界三大菜系。其中,中国菜系是以中国烹饪文化为中心的东方菜系,它主要分布在亚洲东部、东北亚和东南亚地区。其膳食结构以植物性原料为主,主副食合理搭配,主食以稻米、小麦为主;副食以猪牛羊肉和水产鱼虾为主,烹饪技艺精湛而丰富多样。

中国烹饪文化是指对食物进行加工,制成色香味俱佳菜点的基本原则、制作技艺和方法的总称。它拥有丰富的科学内容,如中国烹饪技术理论(包含烹饪原则、多种烹饪典籍、食经论著所包含的烹饪原理);众多的特色菜肴(包括风味菜、地方菜、宫廷菜、官府菜、寺院菜、素菜);色、形等外观美与味、营养等内在美的结合;宴饮与音乐、舞蹈等乐府文化的结合等。它既能满足人们对吃的物质需要,又能满足人们对吃的文化体验和精神追求的需要。

(一)中国的传统菜系

中国风味流派是在中国内外经济文化交流的历史长河中形成的。中国南北口味的大体区分,大致是从春秋战国开始。战国时期成书的《周礼·天官·冢宰》所载"周八珍",是典型的黄河流域风味;汉代成书的《楚辞·招魂》所记食品,是典型的长江流域风味。中国风味流派大约在唐宋时期已具雏形。最早见诸史料记载是北宋。孟元老《东京梦华录》记述北宋汴京市肆已有北食、南食、川味和素食的区分。元、明、清三朝又有发展,《清稗类钞》所述清末的风味流派

是:"肴馔之有特色者,为京师、山东、四川、广东、福建、江宁、苏州、镇江、扬州、淮安。"民国时期,中国菜的主要风味流派更趋成熟,这从当时大城市开设的餐馆招牌上就能看出,如当时北京、上海的餐馆署名的就有齐鲁、姑苏、淮扬、川蜀、京津、闽粤等风味。

就鲁、川、粤、苏四大菜系而论,鲁菜的范围除山东外,华北平原、京津地区、东北三省以及晋也陕也都是山东菜的口味和食俗的地域,成为北方菜的主干。川菜则是以"天府之国"为中心扩展至长江中上游、两湖、云贵一带的广大地区。粤菜主要分布在珠江流域,闽贵也都受其影响。苏菜又叫淮扬菜,在淮河、长江下游的广大地区流行,沪、杭、宁等城市亦属其范围之内。

菜系的渊源可以追溯到很远的时期,因为菜肴的特色,是以物产这一自然条件为基础的。晋代张华的《博物志·五方人民》中说得明白:"东南之人食水产,西北之人食陆畜。""食水产者,龟蛤螺蚌以为珍味不觉其腥臊也;食陆畜者,狸兔鼠雀以为珍味,不觉其膻也。""有山者采,有水者鱼"。也就是说"靠山吃山,靠海吃海"。这是形成菜系的主要条件,正是"今天下四海九州,特山川所隔有声音之殊;土地所生有饮食之异"(《齐乘》)。

以物产为依据,形成了口味的差异是菜系发展的重要因素。《全国风俗志》称:"食物之习性,各地有殊,南喜肥鲜,北嗜生嚼(葱、蒜),各得其适,亦不可强同也。"这种饮食嗜好,成为人们难移的习性。"饮食一道如方言,各处不同。只要对口味,口味不对,又如人之性情不和者,不同一日居也"(《履园丛话》)。只有到了近百年来,交通之发达,经济之发展,科学之文明,才将地域之间的距离缩短,物产不再是一隅之产,使物产已不成为其菜系之唯一依据,但这种千百年沿袭而成的食俗还是不易改变的。

除上述因素外,烹调方法的差别,也是形成菜系不可忽视的重要条件之一。清代饮食鉴赏家、评论家袁枚在《随园食单》中,曾写了南北两种截然不同的烹调方法,做猪肚:"滚油爆炒,以极脆为佳,此北人法也;南人白水加酒煨两炷香,以极烂为度。"可见在袁枚之前,早以形成以烹饪术为别的菜系的不同特色。钱泳在《履园丛话·治庖》中说得更具体:"同一菜也,而口味各不同。如北方人嗜浓厚,南方人嗜清淡;北方人以肴馔丰,食点多为美,南方人以肴馔法,果品鲜为美。各有妙处,颇能自得精华。"

到了清末四大菜系的不同特色则更加鲜明。《清稗类钞》记述清末之饮食状况,称:"各处食性之不同,由于习尚也。则北人嗜葱蒜,滇黔湘蜀嗜辛辣品,粤人嗜淡食,苏人嗜糖。"又更加具体分析了各地的菜系特色:"苏州人之饮食——尤喜多脂肪,烹调方法皆五味调和,惟多用糖,又席加五香。""闽粤人之饮食——食品多海味,餐食必佐以汤,粤人又好啖生物,不求上进火候之深也。""湘鄂人之饮食——喜辛辣品,虽食前方丈,珍错满前,无椒芥不下箸也,汤则多有之。""北人食葱蒜,亦以北产为胜……"如此等等,不一而足。尽管引证之处,不足说明菜系的全貌,但从中可以看出全国四大菜系之特色。

几千年来形成的地方风味,在以四大地方菜系(苏、粤、川、鲁)为代表的地方菜系基础上不断发扬光大。自20世纪50年代以后,在四大菜系的影响下,增加了湘、浙、皖、闽四大菜系,形成八大菜系;其后又增加了北京菜、上海菜,形成十大菜系。另还有一些地方菜,如具有地方风味和民族特色的贵州菜(黔菜),有鲜、辣、酸、香、野风格特色;源自寺院菜的素菜,由原来的戒律转向讲究菜的色、香、味、形,菜的名称也多借用荤菜菜名,仿制成荤菜菜形,如凤凰孔雀冷盘、素鱼翅、糖醋鱼、炒毛蟹、素鸭等;随着伊斯兰教进入中国而盛行起来的清真菜系,所用肉类原料以牛羊鸡鸭为主,擅长熘、炒、爆、涮,习惯于用植物油、盐、醋、糖调味,其特色是清鲜脆嫩、酥烂浓香;还有食疗菜系,又称药膳,是指以各种中药与鸡鸭鱼肉等配伍烹制而成的菜点或汤

羹,其中以炖品为多。虽然形成历史不很悠久,却已日益受到世界各地人们的瞩目。

**(二)中国菜肴蕴涵丰富的哲理思想,形成了一些代表性的理念**

**1. 以食为天的哲学思想**

中国菜肴蕴涵着古朴的哲学思想。老子《道德经》中有"治大国,若烹小鲜";孔子对饮食提出"食不厌精,脍不厌细","割不正不食"的要求;汉班固在《汉书》中说:"王者以民为天,民以食为天",可见,中国人重视饮食。在旅游中"食"为旅游七要素之首,视作头等重要的事。"饮食男女,人之大欲存焉"(《礼记·礼运》)。现代文学大家朱自清在《论吃饭》一书中说:"告子说,'食、色,性也'",从人生哲学上肯定了食是生活中的两大基本需求之一。吃饭和性欲是同等重要的,而且'食'或'饮食'在前,食为首。

此外,中华民族文化源于饮食文化,饮食与礼仪充分渗透到社会活动各个领域,是表达情感和社交活动不可或缺的最佳方式,涵盖了百姓生活、节庆、社会交际、文化交流、政治交往等各个领域。当代孙中山的"民生主义"和毛泽东的"世界上什么问题最大?吃饭的问题最大"一脉相承。政府抓菜篮子、米袋子、放心菜、放心米,直至老百姓把工作都习惯称为"饭碗",牢靠的工作称为"铁饭碗"。饮食已经成为中国人悠闲人生的一种象征,已经属于由物质生活到精神生活的更高追求。

**2. 五味调和思想**

五味调和是中国烹饪的核心思想之一,以味为核心是中国烹饪灵魂的具体表现,是烹饪从业人员在烹饪过程中追求的最高技术境界。五味调和蕴涵着五味之变、五味之和、五味之养的深刻哲理,即根据自然界万物自然规律而形成的自然物性,通过烹饪技法的合理加工,使其达到灭腥除臊、摒弃异味,突出原料本身甘美物性,再经过调味料、配料、水、火等诸多条件的相互作用、相互渗透,使其相互和谐达到适口的目的。正如伊尹所说:"调和之事,必以甘、酸、苦、辛、咸,先后多少,其齐甚微,皆有自起",故"久而不弊,熟而不烂,甘而不浓,酸而不酷,咸而不减,辛而不烈,澹而不薄,肥而不腻",达到菜肴整体上的最佳配合效应,体现不偏不倚的适中效果,使菜肴呈现出最佳的质地、最美的滋味,并最易于消化和吸收。

有人曾经把一些国家的菜肴进行过形象的比较,认为法国菜是鼻子的菜(重香),日本菜是眼睛的菜(重形与色),中国菜是舌头的菜(重味)。中国饮食重味既重视原材料的天然性味和食用性,又讲究食物的隽美之味,便以"五味调和"为理想境界。

**3. 饮食养生与医食同源思想**

中医药和中国烹饪都是我国灿烂文化的宝贵遗产。从古至今,不少造诣深厚的中医药家都对"医食同源"有精辟独到的论述。唐代名医孙思邈有《千金方·食治篇》;孟诜著有《食疗本草》;元朝忽思慧所著《饮膳正要》体现了"养生避忌"的思想,书中记述:"其善摄生者,薄滋味,省思虑,节嗜欲,戒喜怒,惜元气,简言语,轻得失,破忧阻,除妄想,远好恶,收视听,勤内固,不劳神,不劳形,神形既安,病患何由而致也。故善养性者,先饥而食,食勿令饱,先渴而饮,饮勿令过。食欲数而少,不欲顿而多。盖饱中饥,饥中饱,饱则伤肺,饥则伤气。若食饱,不得便卧,即生百病"。历代封建王朝都设有"御膳医",研究帝王延年益寿的"摄生之道"。成都"同仁堂"滋补药店的曾声扬,祖孙三代都从事中医药工作,研究饮食疗法,搜集民间"医食"验方,著有《食治要裁》近二百方,通晓医食之道,以膳为医。专家认为,不论有病无病,体弱体健,在春夏秋冬四季,都可以进补。春天,万物生机勃勃,欣欣向荣,需要"升补";夏天,烈日炎炎,需要"清补"；秋天，气候温和，需要"平补"；冬天，严寒冰冻，需要"滋补"。"同仁堂"滋补药品"豆蔻馒头"、"茯苓包子"、"人参鸡油汤圆"等品种一年四季都供应；春季供应"首乌肝片"、"人参米肚"、"琼浆玉液"；夏季供应解暑"益气汤"、"蜂蜜通大海"、"二仁全鸭"、"当归墨鱼"、"荷叶蒸肉"；秋天供应"菊花肉片"、"雪花鸡"、"参麦团点"；冬季供应"十全大补汤"、"乌龟羊肉汤"。无论是"升补"、"清补"，还是"平补"、"滋补"，都不能"猛补"、"盲补"，而是要求循序渐进，适量入食，补之得当，有病治病，无病也可以增强人体各部机能的活力，食之有益无害。

中国烹饪在烹制过程中，使用葱、姜、蒜、花椒、茴香、胡椒、陈皮、杏仁、丁香、果仁等香辛调味料，既是烹饪原料，又是药料，本质都含有一定药性。因此，作为烹饪师要加强对中医药药理、药性、炮制和功效的深入研究，达到去粗取精、用之得当，使之成为名菜佳肴中的调料，进一步丰富中国菜肴的品种，满足顾客多方面的需要，才能彰显中华"医食同源"的饮食之道。

4．不时不食与天人合一思想的体现

自古以来，中国人在饮食上有鲜明的时序系统，主要表现为：

（1）饮食要分时宜，随四季变化而易。在《吕氏春秋》一书中曾指出："食能以时，身必无灾"。"春发散，宜食酸以收敛；夏解缓，宜食苦以坚硬；秋收敛，吃辛以发散；冬坚实，吃咸以和软"。还指出食欲要适应"春宜凉，夏宜寒，秋宜温，冬宜热，四季皆宜平"的规则。

（2）饮食随时令节气，变化调理。如"冬补金、春补银，过了清明不见情。"又如"正月里闹元宵食元宵，夏至吃馄饨，端午吃粽子、咸鸭蛋，中秋吃月饼，重阳吃重阳糕，冬至吃团子，腊月初八吃粥，过春节蒸年糕、包饺子、吃年夜饭"，均是按农事节气、合着农事展开的习俗。

（3）饮食原料四季分明，节令有别，不时不食。在江南水乡，什么时令吃什么水鲜，次序井然；禽畜瓜果蔬菜也都时有迭出，节令鲜明。如夏天吃鹅，秋天吃童子鸡，冬天吃羔羊。春天荠菜、马兰、枸杞头、香椿头；立夏见三鲜，盛夏瓜果市；中秋桂花芋芳、板栗、百合、莲子、四角菱；冬菜胜似夏肉。

不先时而食，指不食尚未成熟的东西，如有些水果，杏、梅、桃、李等青而不熟不食，食之伤人；也不过时而食，指不食过了时令的某些食物，如清明后刀鱼骨刺变硬，易伤人不宜食用。

## 二、中国菜系特点

### （一）用料广泛

中国菜肴制作用料广博，即天上飞的、海里游的、地上跑的、山里长的（不含国家禁止食用原料）、蔬菜瓜果、腌腊制品、风干制品等烹饪原料，无一不囊括在内，是名副其实的广而纳之。而每一类原料所含品种繁多，即便是一个品种又因产地、加工技术、烹制方法、调味等不同而产生变化，形成数不胜数的地方特色菜肴。例如，阳澄湖的大闸蟹、金华的火腿、黄河的鲤鱼等；清明节前后的鲫鱼最肥、春天的韭菜最壮阳、烹制"红烧肉"需要选择五花肉等。从夏代的"钧台之享"到周代的"八珍"，再到清代的"满汉全席"，可谓精彩纷呈，美不胜收。袁枚在《随园食单》中记述："买办之功居四、司厨之功居六"则精辟论述了原料选择、鉴别是中国菜肴烹制的前提条件，堪称是重中之重。

### （二）刀工精湛

中国烹饪的刀工技艺享誉海内外。孔子的"食不厌精，脍不厌细"体现了中国烹饪刀工精细的思想基础。孟子的母亲,切韭以寸为段,孟子观而不解,问其道理,孟母曰:"修身正德"。上述两则内容的观点是一致的,通俗地说就是把日常烹饪切割中的规格道理纳入修身正德的道德规范之中。烹饪师手握一把菜刀在砧礅上,将烹饪原料切成片、丝、丁、条、块、粒、末、茸等基本形状,长宽厚粗细均匀,整齐划一。刀法有直刀法、平刀法、斜刀法、花刀法,细分为切、剁、砍、批、排、剞、削、拍、敲等;花刀有麦穗花刀、荔枝花刀、蓑衣花刀等。形状有马牙段、骰子丁、象眼块、骨牌块、滚刀块、绿豆丁、劈柴块、雪花片、柳叶片等都有一定的加工标准,制成栩栩如生的鸟兽花草等美丽的图案和形象,更加显示了刀工技艺的独特之处,体现了中国烹饪的高超技术和精湛艺术造型。例如"油爆爽脆"、"菊花鱼"、"松鼠桂鱼"、"扣三丝"、"涮羊肉"、"清炖蟹粉狮子头"等名菜均展现了精美的刀工与造型;其次如食品雕刻品种就有菊花、大莲花、月季花、康乃馨、梅花和凤凰、孔雀等栩栩如生;花色拼盘有如"龙凤呈祥"、"百鸟朝凤"、"松鹤延年"、"雄鹰展翅"等经典作品,令人目不暇接,不忍下箸。这些无不展现了中国烹饪的精湛技艺和艺术品质。

### (三)重在调味

在五味调和思想指导下,中国烹饪调味遵循内外多种因素兼顾的调和法则。内在因素主要遵循因人而调和;外在因素依据地域、环境、因事、季节而调和。因人调味主要依据个体的口味特点和身体对味觉的需求进行,即"食无定味,适口者珍"。据《礼记·内则》记载:"凡和,春多酸,夏多苦,秋多辛,冬多咸,调以滑甘"。遵循四季变化而调和,环境、因事、因人多种因素交叉,调味有一定的内外关联性。调味之法,相物而施,还要根据原料本身的属性加以调和,扬长避短,既要突出原料本身的鲜美滋味,还要运用调料对有腥膻气味的原料进行合理调和,做到有味使之出、无味使之入的目的。基本味型有酸、辣、苦、甜、咸,在此基础上,加以各种调料,相互配合形成多种多样的复合味型,如咸味型、甜味型、辣味型、香味型、麻味型、鲜味型、淡味型、苦味型等。在了解菜肴味型特征之后,要掌握好调料调配比例、下料先后顺序、调味时机,只有做到观鼎中之变、一丝不苟,才能使菜肴滋味达到最上乘的境地。

### (四)注重火候

中国菜肴在烹制过程中最注重火候的掌握和运用,燃料、调料、传热介质的不同,是中国菜肴风味多样而独具特色的重要技术方法,火候的大小、用时的长短关系到菜肴是否成功的关键所在。"五味三材,九沸九变,火为之纪"。烹制菜肴掌控火候时,要根据原料的性质、菜肴的标准和特点。控制火力的大小、时间长短、或时疾时徐、或先疾后徐、或旺火速成、或微火徐进,务必达到"必以其胜,无失其理"。适时、适质、适度的要求。《吕氏春秋》中记载:"鼎中之变,微妙微纤,口弗能言,志弗能喻。若射御之微,阴阳之化,四时之数"。《吕氏春秋》还记录了大量的地方名菜佳肴,并有详细描述。

### (五)配料严谨

中国菜肴在主料、配料选择和搭配上有着鲜明的特色,包括数量多寡、形状大小都有较为严格的要求,从而体现主料、配料之间相生相克、相辅相成的作用,以期达到最佳组合配伍,有利于突出菜肴的风味特色和有益于人体健康。《周礼·天官·冢宰》中记载:"凡会膳之宜。牛宜秫,羊易黍,豚宜稷,犬宜粱,雁宜麦,鱼宜菰。"主料、配料搭配一般遵循质地相近、形状相近、营养互补、色彩相异等搭配规律。

### （六）技法多样

中国烹饪技法之多，为世界之最。烹饪技法是形成菜肴特色的重要手段，在灵活运用常用烹饪技法的基础上，驾驭烹饪传热工具、掌控火力大小、强弱和时间的长短，综合运用多种烹饪技法，熟知菜肴主料配料的性能和质地，是做好中国菜肴的基本技能。常用烹饪技法有：炒、炸、熘、蒸、烩、煮、汆、烹、爆、焖、烧、烤、煎、扒、涮、靠、贴、塌、蜜汁、挂霜、拔丝等，同时也包括冷菜制作的卤、腌渍、拌、炝、熏等。

### （七）讲究器皿

随着国民经济的发展，中国菜肴在器皿上追求美学上的配合，各式各样的形状、色泽、质地的器皿被应用到各种主题的宴会中，成为菜肴发展的新主流。古诗云："葡萄美酒夜光杯"，足见美食与美器的唇齿关系。袁枚有"煎炒宜盘，汤羹宜碗，参错其间，方觉生辉"的精辟论断，说明了两者相互促进、协调发展的道理。中国菜肴盛器非常讲究，而且器皿多样，外形美观、质地精良、色彩艳丽。盛装器皿有陶器（形状各异）、瓷器（精致细巧）、金属器皿（铁、铜、不锈钢、银、金）、木器、漆器、玻璃、竹器、海河蚌壳等，款式和象形造型多姿多彩、美轮美奂，为中国菜肴发展增添了绚丽的色彩，以美器衬托美食，使美食与美器达到完美的和谐统一。

### （八）精于制汤

"唱戏的腔，厨师的汤"一句纯朴的谚语，道出了中国菜肴烹制的奥秘。汤分为"奶汤"、"清汤"两类，根据制汤用料情况又分为头汤、清汤、白汤、毛汤等。"奶汤"用于白扒、白煨、白炖等菜肴中，体现醇厚的特色；"清汤"常用于清炖、清汆、清蒸等菜肴中，体现清鲜特点。追本溯源，制汤之始，由先秦时期的"肉羹"方法演变而来，到南北朝时期，提取汤汁已成为独立的烹饪技术。据《齐民要术》记载，当时已有"雉汁"、"鸡汁"、"肉汁"之分；《易牙遗志》记载了提清汁法：将生青虾加少许酱油剁成泥，瀣在"原汁"中，使汤锅从一面沸起，掠去浮沫与渣滓，如此三四次，待汤无一点杂质而清澈见底时即成。从此便有了"原汁"、"清汁"之分。这与现在的制取清汤工艺一脉相承。

## 第二节　中国烹饪文化的形成与发展

中国素有"世界烹饪王国"之美誉，中国的菜肴和烹饪技术，既作为物质文明又作为精神文明早已为世人所仰慕，但它也随着中国历史的发展进程，也曾经历了坎坷不平的发展道路。纵观中国烹饪的发展进程，我们可将其划分为初级阶段、形成阶段、完成阶段、成熟阶段四个不同时期。

### 一、中国烹饪技艺的初级阶段（夏朝公元前 21 世纪～221 年）

#### （一）形成的历史背景

这一时期的中国烹饪是以社会生产力得到相当程度的发展为基础，以阶级社会出现和氏族公社的解体为标志。大家知道"民以食为天",没有自然界提供的让人消化吸收的物质,即食物,就没有人类的生存,但在这极其漫长的历史进程中,人类过的却是茹毛饮血的生食生活。

当我们的祖先在偶然的因素下,掌握了历史上传说的燧石取火和钻木取火之后,便为中国烹饪的形成奠定了基础。在随后的历史进程中,人类又发现了盐,便又为中国烹饪的调味奠定了物质基础,同时盐巴成了当时统治阶级的象征。由于火、盐的利用,加上在这一时期土陶器的出现及后来青铜器的出现,使社会生产力得到提高,生产资料、生活资料被氏族公社的首领所拥有,从而开始出现奴隶社会,人类生存环境和生活条件出现了差别,从而也为中国烹饪的形成创造了条件。

（二）形成的主要原因

中国烹饪技艺的形成,源自于中国古老的烹饪技法"炮",主要原因在于:

1. 陶器时代饮食的第一块基石是农耕和畜牧业

我国农耕肇始的伟大成果,是黍、粟、稻等谷物的培植成功。以及芥菜或白菜等蔬菜的栽培。畜牧业的起源大约在七八千年前的仰韶时期,据考古学家考证,新石器时期先民能够驯养的主要有猪、狗、牛、羊、马、鸡等家畜和禽。陶烹时期虽已出现农耕和畜牧业以获得食物,但是仍然处在原始的初级阶段,食源尚无保证,因此还有赖于采集和渔猎。陶器时期饮食的第二块基石是陶制炊餐具的发明和水煮、汽蒸法的问世。这一时期,人们在食源上有了相对保证之后,即解决了吃的问题之后,接着是如何才能使所获得的食物变得众口所嗜的美味佳肴。通过陶器和水、火改变了食物的物理与化学性质,制作出可口的食品,引起人类饮食生活的极大改善和进步。中国陶器时代的饮食除了上述被称之为"两块基石"当之无愧外,还有一件事也需提及,那就是我们祖先在远古时期已知道酿酒。含糖野果的天然发酵,大约在旧石器时期;谷物酿酒则起源于新石器时期。

由于陶器的出现与利用,形成了多种烹饪方法,如浙江良渚文化遗址发现的以夹细沙的灰黑陶和泥质灰胎黑皮陶为主的陶器,代表性器形有鱼鳍形或断面呈丁字形的鼎、竹节形把的豆、贯耳壶、大圈浅复盘、宽把带流杯;河南偃师县二里头文化遗址发现多种陶制炊器、食器等土陶器皿。

陶器的出现,使中国烹饪技法由原来的烤、烧、炙等,增加了煮、炖、熬、烩等技法,食物品种亦随之增多。陶制炊具的发明,标志着严格意义的中国烹饪的诞生。诞生之后的中国烹饪,经历了它的婴儿、童年时期。在这一过程中,先民们创造了一系列烹饪新成就,为中国烹饪开创了高水平的起点,开辟了一条茁壮成长的道路,故而称之为初级阶段。

2. 由于青铜器的出现,使我国烹饪技术又大大前进了一步,产生了刀工技术的雏形

如甘肃马家窑文化遗址,发现最早用作宰畜割肉的青铜刀。还有石杵、石臼等粮食加工工具。在《周礼》等文献中就记载了原料加工的经验,《庄子》中则淋漓尽致地描写了庖丁解牛的过程。甘肃、青海齐家文化遗址发现较多的红铜、青铜器,其中有刀、匕、斧;河南偃师县二里头文化遗址发现多种陶制炊器、食器,还出土青铜制造的酒爵,这是已发现的最早的青铜炊器;郑州商代遗址发现多种陶器以及青铜刀、斝、罍、尊、盘、卣、盂、瓿、爵、盉等。青铜炊器鼎、鬲的出现,标志着铜烹阶段的开始。河南安阳市小屯西北发掘出"妇好墓",墓中出土了大量青铜器,其中有一件"汽柱甑形器",类似现今的汽锅,是中国最早的铜制蒸食物的炊器。在殷墟的其他遗址中还出土了青铜箸、青铜匕、青铜刀等金属器具。

综上所述,青铜刀具的出现,为中国烹饪的割切及其刀工创造了良好条件,将动植物割成脍(片)以及块、条、丝等不同形状变成了现实,促使食物更加便于烹制和成形多样化。铜鼎与陶鼎相比,无论是传热速度和火力强度,均超过了陶鼎,鼎中之物由生到熟的时间大大缩短,烹制出的菜品亦出现鲜嫩脆美的特色。盐、蜜、饴、酱和香、辛、麻料的调配使用,促进了味型的发展和滋味的提高。烹调法也由原来的烤炙、水煮、汽蒸三种发展到煎、炖、炸、熬、烙、濡、瓤、渍、腌等十多种以及不同烹调法穿插使用的新阶段。这一时期的主食主要有饭、粥、糗、糇、糗饵、粉糍等。菜肴不仅数量增加,而且出现了许多珍品,显示其特有的风采。

《周礼》所记载的:"珍用八物",即是被后世人们所重视的"周八珍",《礼记·内则》对八珍的制作方法有较详细的记载。殷商时出现了"熊蹯",《左传》《孟子》中多次记载食熊蹯的事,是当时的著名的菜肴。《诗经·小雅》中有"炮鳖"、"脍鲤",《左传·宣公四年》中有"鼋羹",《孟子》中的"蒸豚"、"脍炙",《吴越春秋》中的"鱼炙",《淮南子》中的"齐王食鸡,必食其跖"的"鸡跖"等。战国时期的菜肴有了进一步的发展,在《楚辞·招魂》和《大招》中为我们留下了丰富的食单。

## (三)形成的主要特点

### 1. 商业的发展,烹饪原料的使用范围扩大,是中国烹饪形成初级阶段的基础

由于社会生产力的提高,中国进入了封建社会的初级阶段。农民为求自身温饱,激发了极高的生产积极性,促使农业生产力得到提高,形成了剩余产品,农民为了将剩余的产品换回自己所需物品,市场也就应运而生。

市场的形成,扩大了烹饪原料的使用范围,从而推动了中国烹饪的发展。从春秋战国到先秦时期,各个大城市市场相当繁荣,如大梁、邯郸、临淄等地,酒肆、屠户数量很多,饮食业从原料到成品有了完整的体系。从屈原的《楚辞·招魂》中所描述的食单内容可以看出,当时已经有牛筋、红烧甲鱼、挂炉羊羹、炸烹天鹅、红烧野鸭、卤汁油鸡等菜肴。但是在周代时期,发布了提倡勤劳,反对饮酒和逸乐,诸侯、大夫不可无故杀牛宰羊的政令,而平民百姓如果在市场上聚餐,"则搏而戮之",但恰恰也是在这一时期,中国历史上形成了明确的"天下保一人"的完整制度。据史料记载,周朝皇宫中,共有22个专门为皇帝饮食服务的部门,人员达2332人。其中原料管理、冷库、屠宰加工、制腊肉、酿酒、烹煮等都有专门官员负责,还有专管配餐的食医,也正是此时,周朝宫廷产生了"八珍"名菜。这八珍是:大米肉酱盖浇饭、黄米肉酱盖浇饭、烧烤炖羊肉、烩肉扒、酒香牛肉、五香牛羊肉干、烤网油狗肝,可见当时的中国烹饪技艺水平是比较全面发展的。

### 2. 金属工具的应用拓展了烹调技法

自古就有"工欲善其事,必先利其器"的道理,青铜刀的出现,使中国烹饪产生了刀工技术;到了战国以后,铁刀的出现,使中国烹饪中的刀工更加精湛,原料的成型、入味、成熟有了可靠的保证;到周代时期,铜制烹饪器械已经出现,如铜釜、铜鏊、青铜鼎、铜甑(相当于现代的蒸笼)等。铁器产生后,由于金属炊具壁薄,传热快,可水可油,能大能小。在此基础上,中国烹饪技法由原来的烤、烧、炙等增加了煮、炖、熬、烩等技法。

### 3. 饮食制度的确立,使烹饪制品多样化,并逐步趋向规范化

中国饮食方式是最早的制度之一,奴隶主的聚餐便是最早的宴席。据史料记载,史有夏启钧台之享(现禹县钧台坡),是目前所知我国历史上最早的宴会。进入商代,祭天地,享鬼神,陈

俎列鼎，成为制度。而活人饮食更为讲究，史载，商纣王"以酒为池，悬肉为林，使男女裸，相逐其间，为长夜饮"，奢侈之甚可见一斑。据《周礼》中记载，周代王室饮膳制度比较完备，分工明确，有膳夫、庖人、内饔、外饔、享人、兽人、鳖人、腊人、食医、酒正、酒人、浆人、凌人、笾人、醢人、醯人、盐人等官员负责原料、调料的采集、制作、保藏以及烹调、进食、祭祀等事宜。当时有羹、脯、醢、齑、膏、粮、饵、粉、糍及六清八珍等名食。出现冰库和冰鉴，用以冷藏食品。一些菜肴，如"炮豚"中采用了烤、炸、炖的复合烹调方法，另有一些菜肴中采用"和糁"，类似勾芡的方法。此外，周天子进食时还有乐队伴奏。食用菌已经入馔，饴、蜜已用于调味。调味已注意季节特点。

周代以后，宫廷饮食从原料到烹制，从营养到餐具都有了一整套程序。宴席摆放与礼节仪式等方面都规定得相当明确。周公所定饮食礼仪，以《仪礼》和《礼记》所载为多。分别有十一种和十八种"礼"。

周公所制定饮食礼仪的社会层次性甚为鲜明。万建中先生在《饮食与先秦礼仪文化》一文中曾作过分析：以食物的多寡、有无来区别人伦等级的尊卑长幼。在菜肴的食用上，其中等级区别更为显著。《礼记·礼器》有"礼有以多为贵者，天子之豆二十有六，诸公十有六，诸侯十有二，上大夫八，下大夫六"。先秦时代重置器的数目及方位，据《左传》、《公羊传》等书所载："天子九鼎，诸侯七，卿大夫五，之士三"。以食者不同身份定座席的多少。《礼记·礼器》载："天子之席五重，诸侯之席三重，大夫再重"。至于士与平民，在筵上加一层席子就不错了。

战国以后，新兴的地主阶级和王公贵族们，除承袭了周代饮宴旧制以外，并有了新的发展，他们将宴席、宴会搬出庙堂，走出王室，进入了地主们的家庭，并给民间带来了巨大的影响，令士、庶人亦仿效于各种庆典节日中。可以说，中国的饮食制度，饮宴之风到此已基本成型。

4. 积累了烹调经验，初步创立中国烹调理论

人们在长期的烹调实践中，对烹调技术的认识逐渐深化，摸索出了一定的规律，加上文字的出现，就将其记载下来，从而成为中华民族的烹饪理论首次问世。比较突出的是《周记》、《礼记》、《吕氏春秋》、《左传》、《论语》、《孟子》、《老子》等书都有记载烹饪的基本原理，对指导当时烹调技术的发展起了重要作用，其中"水火相济"的原理和"调和"的原理，无论在当时还是后世，所产生的影响尤为深刻。

例如公元前433年孔子就提出了"食不厌精，脍不厌细"，"食饐而餲，鱼馁而肉败，不食。色恶，不食。臭恶，不食。失饪，不食。不时，不食。割不正，不食。不得其酱，不食。肉虽多，不使胜食气"等一系列饮食卫生的主张。约成书于战国时代的《黄帝内经》，从我们民族生存环境的实际情况出发，为人民设计了"五谷为养，五菜为充，五畜为助，五果为益"的营养方案；提出"饮食有节"的主张，也是我国传统养生学的一个重要观点。饮食有节，不但肉食要有节制，就是粮食和一般食物和饮料，也不能暴饮暴食。约成书于战国时代（一说先秦时期）的《神农本草经》中所收药物365种，其中大量是食物。著名的有大豆黄卷，这是中国人食用黄豆芽的萌芽。《吕氏春秋·本味》篇论及各地肉、鱼、菜（蔬菜）、饭（谷物）、水、果、和（调味）中的佳品数十种，还对烹调中的调味、火候提出"风味之本，水最为始，五味三材，九沸九变，火为之始……"独到见解，是对战国之前烹饪实践作出的理论总结，在历史上产生久远影响。还有《周礼·天官·膳夫》和《礼记内则》中，则较为全面地记述了周朝宫廷饮食和烹制各类宫廷御膳的各种要点，可以说，它是我国最早的宫廷食典。

5. 中国较有影响的烹饪人物

少康：也叫杜康，夏代第六代君王，号中兴王。

伊尹：我国烹饪之圣，传说著有《调味鼎鼐》，因善调五味，做"鹄鸟之羹"，并有治国安邦之才被商汤赏识，是我国历史上第一位"宰相"厨师。

吕望（俗称"姜太公"）：周王朝建立的辅佐者，是我国历史上第二位"宰相"厨师。

## 二、中国烹饪技艺形成阶段（秦汉时期至唐初，公元前 221～公元 618 年）

### （一）形成的历史背景

公元前 221 年到公元 960 年，秦至五代几近 1200 年间，中国烹饪经历了一个发展壮大时期。这一时期，随着封建中央集权统治在王朝不断更替中逐渐加强，农业生产得到了空前发展，手工业和科学技术水平不断提高，商业走向繁荣，民族融合加快了速度，对外交流扩大深入，中国封建社会达到鼎盛时期。这些，都给中国烹饪的大踏步发展创造了优越的条件。这一时期中国烹饪承上启下，取得了瞩目的成就，为其后中国烹饪走向成熟架设了一座稳固的桥梁。

从历史上看，秦汉时期应为这一阶段的主体，在这一时期，基本上是沿用了周代制度，但在原料的选择、烹饪方法、炊具与食具等方面有了新的发展。秦汉时期由于铁制工具的出现，促进了农业和手工业的迅猛发展，汉代的煮盐、冶铁和铸造等技术的提高，促进了商业的发展，在这一时期，社会安定，经济较为繁荣，社会物资丰富，人民安居乐业，可以说给中国烹饪的发展创造了有利条件。它的主要特点有：

1. 食物品种比前时期丰富

如蔬菜除了周代延续下来的 30 多种外，又增加了从西域和国外引进的胡瓜、黄瓜、茄子、刀豆、胡豆、扁豆、胡萝卜、大蒜等。还出现了豆腐和豆腐制品。但在秦汉时期，最普遍使用的肉类是以狗肉为首，猪肉次之。在《三国志·魏志》中有对麻油的记载。魏国人张揖著《广雅》中有"馄饨、饼也"的记载。《晋书·五行志》记载，西北、东北地区少数民族食品"羌煮、貊炙"在中原流行。北方有名食羊酪。江南有名菜莼羹、鲈鱼烩及荪菜。何曾著《食蔬》中记载了何曾家厨能将蒸饼上蒸得"坼作十字"，类似后世的开花馒头，说明发酵工艺已普及。束晳作《饼赋》，提及馒头、薄壮、起溲、汤柄、牢丸、安乾、豚耳、狗舌、剑带、案成等 10 多个面点品种。嵇含著《南方草木状》（一说作者非嵇含）书中记有甘蔗、荔枝、椰子、杨梅、橘、龙眼等水果及甘薯、桃椰面、五敛子、人面子、石栗、石蜜等原料。

2. 烹饪方法增多

这里的烹饪技法是指在原有的烧、蒸、烩、炒、煮等基础上发展而来。据《齐民要术》记载，增加的技法有生菜法、素食法等 30 多种不同的烹调方法。贾思勰著的《齐民要术》一书中保存大量涉及烹饪原料、菜肴、面点制作技术以及酿酒、造醋、做酱、制乳品的资料，烹调方法已在菜肴制作中出现，而"水引面"为一种细如韭叶的面条。书中还记有制汤的方法，类似酱油的酱清、豉汁亦已出现。梁武帝萧衍著《断酒肉文》四首，大力推行佛教素食。北齐出现热铛烙成的煎饼。宗懔著《荆楚岁时记》提到荆楚地区人民正月进屠苏酒、胶牙饧、下五辛盘；立春啖春饼、生菜；寒食吃大麦粥；夏至食粽；伏日食汤饼……之事。隋炀帝称吴地制作的"金齑玉脍"为东南佳味。吴郡能在海船上加工生产多种海产食品，主要有海鲍干胗、海虾子、鲍鱼肚、石首肚。

3. 炊具和饮食器具有新发展

山西汶水县孝义镇马村出土由刻有云雷纹并身带圆环的釜、甑三件组成的汉代铜甗，如先置于火上，再分别放上釜和甑，可同时炖、煮、蒸。到了汉代时期使用铁锅已很普遍，有炒菜用的小釜，煮菜用的五熟釜，由于铁制炊具的运用，促进了炒菜、爆菜等烹调技术的发展。

（二）形成的主要原因

1. 随着商业手工业的发展，创造了一个兴旺发达的饮食市场

如河南密县打虎亭一号汉墓中出土的一块庖厨图的画像石上，画面上有 10 人分别从事屠宰、汲水洗涤、烹调、送食物的事项，厨事分工已较明确，有学者认为该图中有制作豆腐的场景，证明中国汉代已能生产豆腐。山东章丘县和高唐县分别出土绿釉陶质庖厨俑，一位持刀治鱼，另一位用手揉面。这充分说明，商业手工业的发展，造就了一个兴旺发达的饮食市场。

2. 烹饪原料使用范畴扩大，基本上奠定了中国烹饪工艺的基础

如湖南长沙市马王堆一号汉墓出土大量食品"遣策"中就记载了多种食品。调味品有：脂、酱、饧、豉等；饮料有：白酒、温酒、肋酒、米酒；主食有：以稻、麦、粟为主要原料蒸、煮成的饭、粥等；果品有：枣、梨、楂、脯梅、梅、笋、元梅、杨梅等；菜肴有：羹、肤、脯、菜、濯、肩截、熬等类，共计100多种。其中"濯"为用朵的烹调方法制的菜。张骞两次出使西域，开辟丝绸之路，促进了中国中原地区与西北地区乃至南亚、西亚的经济、文化交流。从西域传入的瓜果、蔬菜有蒲陶（葡萄）、苜蓿、安石榴、黄蓝（红花）；从中亚传入的农作物有胡麻、胡桃、胡豆、胡瓜、胡荽、胡蒜；此外，还有从西域传入的香料胡椒、姜等。司马迁《史记·货殖列传》记载，当时大城市中市场上食品相当丰富，有谷物、肉食、果菜、水产、饮料、调料等。而卖胃脯的商人浊氏、卖浆的商人张氏竟成巨富。

3. 厨房设备与饮食器皿的改进奠定了烹饪技术的物质基础

如河南洛阳烧沟汉墓出土有陶灶，有大、小两个灶眼，对火候的控制能力提高，分别放置甑和釜，另有上圆下方的烟囱。宁夏银川平吉堡汉墓出土的灶，灶面上有三个灶眼，可放置三个釜。汉代广东一带出现三个铁架，架上可放置铁釜或铜釜、陶釜，用以煮熬食物。钢刀、菜刀、铁釜、铁镬等厨用器具进一步普及。豫章郡（江西地区）已用煤为薪。东汉晚期，瓷器有碗、盏、盘、罐等，其中还有泡菜坛。

4. 有关烹饪的专著和资料大量出现

民族的大交流、大融合，使各族人民的文化艺术风尚融于一体，烹调技术由"术"向"学"有了飞跃性发展，人们开始把烹饪技术作为专门的学问加以研究，出现了很多有关烹饪技术专著。如西晋何曾著的《安平食单》，南齐虞琮著的《食珍录》，谢枫著的《食经》，北魏贾思勰著的《齐民要术》等。

据有关资料统计，从魏晋至南北朝，出现的烹饪专著多达 38 种，隋唐至五代专著 13 种，总计达 50 多种，内容涉及烹饪的方方面面。可惜的是大多已经散失，有些专著的内容只能散见于其他著作中，保存下来的只是部分内容或残篇。我们今天能看到完整的唐代高级宴会菜单及当时的一些有特色的饮食情况，完整保存下来的有唐代陆羽的《茶经》、张又新的《煎茶水》等有关茶、水的专著，其中尤以陆羽《茶纵三卷》记述茶的历史、性状、品质、产地、采制、工具、饮法、掌故等最有价值。它是世界上第一部关于茶的专著，至今在国内外影响都很大，对后世很有影响。

值得重点加以介绍的是北魏贾思勰著的《齐民要术》。它是我国第一部"农业百科全书"式的巨著,其中关于烹饪的部分价值非常高。它不但保存了很多的烹饪专著中的珍贵资料,更为珍贵的是,它收录了当时以黄河流域为中心,涉及南方、北方少数民族的数十种烹饪方法和200多种菜肴面点。资料翔实,影响深远。其他相关烹饪的内容与记事、记言、记物等,参考价值也较高,如《西京杂记》、《世说新语》、《云仙杂狖》,民俗著作如《剂楚岁时记》,语言学著作如《方部》、《释名》、《说文解科》也保留了很多关于佐证的资料。

5. 烹饪名家涌现

如果说先秦的烹饪名家是由于政治或其他业绩得以附带显其巧烹之名的话,这一时期的烹饪名家则完全因其精通烹饪而名留后世。虽然其中个别人也官居高位,然而其从政之建树文无多载,倒是其精于善烹赫然书之于史。所以这一时期的烹饪名家可以说是为烹饪而烹饪的名家了。西汉的张氏、浊氏以制膳精美出名。北魏崔浩之母,口授烹饪之法于崔浩,才得以有《崔氏食肴》传世。唐代段文昌为"知味者",《清异录》说他"尤精膳食",他家的婢女名膳祖,主持厨务,也是精通烹调之术的行家。五代有开封专卖节日食品的张手美,心灵手巧;花糕员外真名已无从知晓,只知在开封以卖花糕闻名。还有多名美食的创制者,只留下了食名,这不能不说是一大遗憾。

## 三、中国烹调工艺完善阶段(唐宋时期公元 618～元末的公元 1368 年)

### (一) 形成的历史背景

从公元 960 年北宋建立到元朝灭亡,是中国烹饪的繁荣时期。在这一时期里,传统的中国烹饪完成了它在各方面的建树,最终走向成熟。

唐宋两代是我国历史上最为强大的朝代,粮食满仓,物资丰富。陆上、海上交通十分发达,中西部的丝绸之路十分繁荣,社会的安定,四邻的和睦友好,给农业、畜牧业、手工业的发展都带来了昌盛,同时也给饮食业带来了一片繁荣昌盛的景象。如唐代的长安,东市二百二十行,四面立邸,四方珍奇,皆所积集。而西市比东市更加繁华,市中饮食业的规模前所未有,曾有这样记载,说"西市日有礼席,举铛釜而取之,故三五百人之馔可立办也"。从这一情景看,当时的长安城内酒店规模可想而知。到了两宋时期,其饮食市场更是空前绝后,北宋首都的汴梁就有正店 72 家之多,南宋的临安(杭州)则有正店 17 家之多。而此时的宫廷御膳,其食用菜点之多,筵席水平之高,均远远地超过了周代和秦汉时期,使中国烹调艺术更加完美。

北宋的商业相当发达,大城市取消了坊和市的界限。白天黑夜都可以进行交易。农村也出现了定期集市,交换更为普及便利。从《京梦华录》看,汴京的宫楼、饭馆、商铺、饭店到处都有,商品繁多,呈现出"八荒争凑,万国咸通;集四海之珍奇,皆归市易;会寰区之异味,尽在庖民"的贸易兴隆景象。南宋的商业和对外贸易超过北宋,临安店铺"连门俱是",甚至城外数十里也是店铺布列,交易繁盛。两京市街,出现了素食馆、北食馆、南食馆、饭店等专营的风味餐馆,油饼店用炉最多的可达 50 多个。饮食行业出现上门服务、分工合作生产的"四司六局",有专门供宫家雇用的"厨娘"。对少数民族的"涤马互市"在北宋也进一步发展,元代的商业也极为繁荣,大都、杭州、泉州等是闻名的商业大都市,都市中出现饮食娱乐配套服务的酒店。明代南北两京、江南地区、东南沿海和运河沿岸商市最为繁荣,粮食、油料、蔗糖、瓷器等成为重要商品,如景德镇瓷器"无所不至",福建的黑白砂糖、广东的铁锅等产品。在这一时期,商人们组织商帮,建立会馆,往往把其所在地的烹饪饮食风味也带到异地;国际贸易也比以往发达,郑和七次下西洋,促使很多人到南洋经商,也极大地促进了中国与外国在烹饪文化和物质上交流。

（二）形成的主要特点

1. 风味流派的雏形基本形成

中国风味流派的存在,反映了中国烹饪的丰富多彩。综观全国,从消费对象看,有宫廷菜、官府菜、市肆菜和民间家常菜之别;从宗教信仰看,有寺院菜、道观菜、清真菜之异;从地域特点看,有齐鲁菜、巴蜀菜、苏扬菜、岭南菜和秦陇菜等之分;从民族看,汉、满、蒙、藏、苗、黎等民族菜各有自己的特色。中国风味流派大约在唐宋时期已具雏形。最早见诸史料记载是北宋。孟元老《东京梦华录》记述北宋汴京市肆已有北食、南食、川味和素食的区分。元、明、清三朝又有发展,《清稗类钞》所述清末的风味流派是:"肴馔之有特色者,为京师、山东、四川、广东、福建、江宁、苏州、镇江、扬州、淮安"。

由于宫廷实用菜点众多,用料精细,名菜、名点大量增加,在于社会融合后,形成了中国烹饪风味流派。如唐代的饭就有"雕胡饭、黄粮饭、清风饭、神仙粥"等几十种类之多;菜品有炙菜、烧菜、炒菜、羹等各有几十种类;烹调原料多得举不胜举,如驼峰、象鼻、熊掌等名贵原料已达数百种。

2. 烹调技术之高均超过以往历代

由于唐、宋两代上至宫廷,下至民间都拥有大批名厨,形成了烹调技术的大交流和大融合,促使烹调技术的大发展。如唐代时期陆希声之妻余媚娘,发明制作了五彩鱼丝;唐穆宗时,丞相段文昌的家厨"膳祖",曾带徒100多人,唐朝尼姑梵正,用烩、脯、酱、瓜、菜、蔬、黄赤杂色装成了西安名胜区"辋川小样"二十景,宋高宗宫中五品官女厨师刘娘子,南宋时期在杭州以卖鱼羹为生的宋五嫂,南宋建康通判史家厨,号称"烤鸭美手"的王立,南宋末期浙江、浦江一带很著名的一位烹调能手"吴氏"等。

3. 餐具为中国烹饪的"器"提供了坚实的物质条件

金、银、玉、瓷等餐具大量出现,为中国烹饪的五种属性"色、香、味、形、器"中的"器"的完美提供了坚实的物质条件。

厨房设备的改进,如"灶具的改进"促使中国烹饪技术基本形成了自己的风格特点,并逐步走向成熟,出现了中国烹饪行业中从业人员的第一次分工。

4. 宴席制度基本定型

例如唐代的国宴:"龙凤宴"、"曲江宴"、"烧尾宴"等规模之大,菜品之多,可谓前所未有。如举行国宴时,参加者少则一二百人,多则数百人,仅大臣们进献给帝王的"烧尾宴"上,菜点就有58款;宋代时期的清河王张俊,在进献给宋高宗的御宴中,菜点就多达230余款。

5. 出现众多的烹饪理论著作

谢枫的《食经》、韦巨源的《食谱》、段成式的《酉阳杂俎》、郑望之的《膳夫录》、宋代时期的《太平御览·饮食部》、林达叟的《本心斋蔬食谱》、林洪的《山家清洪》、贾铭的《饮食须知》、忽思慧著的《饮食正要》、孟元尧的《东京梦华录》等,这些专著的出现,说明了我国烹饪科学知识日益丰富,表现出我国的烹饪技艺已达到较高水平,并进入了新的历史时期。

以现在的观点看,古代对传统烹饪理论的概括是比较全面的,也有相当的深度,具有时代性意义。其中很多观点至今仍不失其价值,值得我们继承弘扬。但由于时代的局限,还达不到科学指导下的系统化、周密化，惟其如此，它的理论体系只能是"传统"的。

综上所述，在唐宋元时期，中国传统烹饪在原料、工具、工艺、风味流派、食品结构、消费形式乃至烹饪理论诸多方面都已形成了自己的系统。从而使整个中国烹饪的传统体系得以最后确立。此时，中国烹饪进入了一个不同于旧传统时代的创新开拓时期。

### 四、中国烹饪技艺成熟阶段（明清时期 1368～民国初期 1912 年）

#### （一）形成的历史背景

在我国历史上，明、清时期曾经出现过许多"万家灯火"的城市和所谓的"康乾盛世"景象，随着社会经济的迅速发展与恢复，为我国烹饪技术的繁荣发展提供了丰富的物质基础。此期的中国烹饪，厨房分工也日益完善细致，原料细加工和保鲜方法更加精良，烹调技术更加讲究，而且更加突出色、香、味、形、器五种属性的重要地位。在食品卫生和烹饪专著方面都较以前有了更大的进步，尤其是宫廷菜进入了大发展阶段。如明朝，宫廷御膳机构庞大，它上设尚食局，下设光禄寺、大常寺，其御膳房管理人员就达 4900 人之多，宫廷御膳常用菜肴已多达 200 多款以上，四季分明。在《明史·饮食好尚》中，曾详细记载了明代宫廷饮食。到了清代，宫廷御膳机构更为庞大，御膳房众多，是中国历代所不及，就故宫内部就有皇帝、太后、皇后、朝廷大臣的各种御膳，同时在圆明园、颐和园、承德山庄、热河、张三营、沈阳故宫等地各处，都设有御膳房。据有关资料统计，清朝的御膳房多达 50 余处，人员上万人。也正是此时期出现了"满汉全席"、"千叟宴"。它们的出现，使我国菜肴的构成内容更加博大精深，其用料精细，菜点品种之多，烹调技术水平之高，宴会排场之大，均远远超过以往历代。

清朝康乾盛世，城市商业交易活动恢复往日繁荣，有一些城市如南京、广州、佛山、厦门、汉口等比明代更为发展。无锡、镇江、汉口是有名的大码头。北京作为全国最大的贸易中心，负责对少数民族批发酒、茶、粮、瓷器、陶器等百品，也是全国的烹饪中心。清后期以上海为首，广州、厦门、福州、宁波、香港、澳门等一些沿海城市先后沦为半殖民地、殖民地化城市。帝国主义一方面大肆掠夺包括大豆、茶叶、菜油等在内的农副产品，另一方面又向我国疯狂倾销洋面、洋糖、洋酒等洋食品。但传统烹饪市场的主导地位即使在口岸城市里也没有被动摇，而且借着半殖民化、殖民化商业的畸形发展，很多风味流派得以传扬和发展。例如著名的北京全聚德烤鸭店、东来顺羊肉馆、北京饭店、广州的陶陶居、杭州的楼外楼、福州的聚春园、天津的狗不理包子铺等饭馆饭店都是在这一时期开业的，在长江沿岸和沿海的一些商埠中出现了很多经营地方风味菜肴的"帮口"。

#### （二）形成的主要特点

它是以封建社会统治阶级的腐败没落为主要标志，其主要特征如下：

1. 御膳房之众多为我国历代宫廷所未有

据《清宫内务府档案》记载，仅故宫"养心殿"的御膳房，就设有庖长 2 人，副庖长 2 人，庖人 27 人，领催 6 人，三旗厨役 57 人，招募厨役 10 人，夫役 30 人，共 222 人，另有司膳太监 108 人，抬水差使太监 10 人。

2. 宫廷御膳集历代之大成

宫廷食用的菜点繁多，八方美食均集于宫廷，帝王日食万金，是集历代名菜名点之大成，使

宫廷御膳达到了最高水平。

**3. 宫廷宴会名目繁多"大而全"**

宫廷宴会名目繁多,规格高,排场大,用料高贵,菜品多而全。据有关历史资料统计,在清宫宴会大约有 30 种,其主要有如下"六大宴":

**千叟宴** 它始于康熙五十二年(公元 1714 年),由康熙皇帝首创,在康熙 60 大寿时,首次举行"千叟宴"宴赐招待 65 岁以上清朝历届元老时的筵席,赴京参加宴会者人数达到 2800 余人。"千叟宴"自康熙到乾隆共举行过四次,这是清代也是我国封建社会时期规模最大的宴会。

**满汉全席** 它是康熙和乾隆皇帝,每逢年节和国典大典时举行的宴会。主要用于宴请朝廷文武百官、地方要员、外国使节,每桌菜点多达 196 道,道道是精品异味,全用金银餐具盛装,分为三天食用完毕。这是我国历史上规模最大最为豪华的国宴,后流向民间。

**元会宴** 是帝王登基时在太和殿举行的宴会;

**万寿宴** 是帝王生日时举行的大宴;

**纳彩宴** 合包宴,是帝王大婚时举办的宴席;

**圣寿宴** 是皇后在生日时举办的大宴。

**4. 名厨汇集宫廷,烹饪技术水平达到完全成熟的时期**

清代同唐代一样,帝王家将全国各地最著名的满族和汉族厨师调集于清宫之内,而这些名厨都有自己的绝妙技艺,通过这样的大融合,给中国烹饪技术的交流和完善提供了条件。

**5. 清宫御膳等级森严,礼节繁琐**

如就餐座位的安排上,皇帝的宝座应居于筵宴大殿正中,皇亲国戚等人则应依官位品级,分别列于筵宴大殿东、西两边,高级文武百官亦以品级高低依次入座。就餐人入座时要跪拜,皇帝赐茶时,众人要跪拜,司仪授菜,众人一叩,将茶饮毕,众人又要向皇帝跪叩,大臣在御前祝酒时,要三跪九叩等。在整个宴会过程中,众人要跪 33 次、叩首 99 回。总之,清宫御宴与清朝礼节在我国历史上深有影响,可以说是中外闻名。

**6. 宫廷筵宴与烹饪技术流向社会,使中国烹饪技术得以普及和升华**

乡土士绅,纷纷效仿明清宫廷筵宴之风,使宫廷筵宴之风与烹饪技术流向社会,使中国烹饪技术得以普及和升华。如 1874 年淮安出现的 108 道菜的"全鳝席"。四川总督丁宝桢创制了"宫保鸡丁"。上海、北京等地"都会商埠"出现了西餐馆。上海有"一品香",北京有"醉琼林"等。全国各地涌现出一大批地方风味名吃,如北京的"它似蜜"、"黄焖羊肉"、"茯苓饼"、"萝卜丝饼";广东的"太爷鸡";安徽的"臭鲑鱼";陕西的"牛羊肉泡馍"、"金边白菜";山西的"刀削面";山东、山西、陕西的"抽面";云南的"乳线"、"汽锅鸡"、"过桥米线";江苏的常熟"叫化鸡"、"镇江肴肉"、扬州"大煮干丝"、"扒烧猪头";河南的"鲤鱼焙面";山东的"德州扒鸡"、"九转大肠";四川的"樟茶鸭子"、"八宝豆腐"……

**7. 烹饪名著达到了较高水平**

因为在此前有关烹饪著作只能说是对筵宴情景的追述或者说是诉说,也就是把一次宴会的内容记录下来,或做一些简单的评论。而到了明清时期,一些烹饪著作已经发展到了理论论述阶段。如明代《易牙遗意》、吴氏的《中馈录》、高濂的《遵生八戒》、宋诩的《宋氏养生部》、袁枚的《随园食单》、曾懿的《中馈录》;清代的《调鼎集》、《养食录》。其中,影响最大的应属袁枚所著的《随园食单》,可以说它是我国烹饪理论的代表作。他把如何著成此书及烹饪理论的指导作用、经验的局限性,讲得十分清楚。总之,这些理论著作为烹饪技术发展打下了良好的理论基础。

### （三）形成的主要原因

**1. 由于中国政治中心的转移，使烹饪中心也随着政治中心的转移而转移**

随着中国政治中心的转移，烹饪中心被北京、南京、杭州、扬州、苏州、广州、上海等港口城市所代替。这时在中国的餐饮市场上出现了两大特点，一是形成了中国历史上用公款下馆子的先例；二是形成了剧场与餐馆相融于一体的经营手段。

**2. 四大风味流派体系的形成**

由于蒙、满等少数民族风味与中原汉族烹饪文化的大融合，使中国烹饪技术形成了完整的四大风味流派体系，即以山东、河南、辽宁为代表的北派，口味淡而偏咸；以江苏、浙江为代表的东南派，口味淡而偏甜；以四川、贵州为代表的西南派，口味辛辣；以广州为代表的南派，口味嗜甜。

**3. 烹饪著作与理论进入丰收期**

如由李渔著的《闲情偶寄》，其《饮馔部》中记载了"四美羹"、"五香面"、"八珍面"等菜点的制作方法，并提出关于饮食的许多独特见解。据传，朱彝尊撰《食宪鸿秘》（一说为王士禛撰），内收 400 多种菜点、饮料制法，内容较为丰富。曹廷栋著《养生随笔》，又名《老老恒言》，内收《粥谱》，有理论论述，也有粥方，共 100 种。袁枚著的《随园食单》出版，该书对古代烹饪理论作了较系统的总结，并收录各地著名菜点 300 多种，还涉及饭、粥、酒、茶的名品和制法，亦提到"满汉席"、"全羊席"。李斗著的《扬州画舫录》全面反映了当时扬州的饮食风貌，书中首次记载了"满汉席"食单。无名氏编著的《调鼎集》问世，内有部分内容为童岳荐所撰，本书内容极其丰富，收有"松鼠鱼"、"套鸭"等数种食品。章穆著的《调疾饮食辩》，为理论与实际结合得较好的食疗著作。在这一时期，袁枚的《随园食单》成为中国烹饪历史上烹饪理论的代表作。

**4. 皇亲国戚、贵族的筵宴之风达到登峰造极，使中国烹饪形成了完整的烹饪体系。其中满汉全席成为中国烹饪工艺完全成熟的代表**

明清两朝的烹饪开辟了新食源，引进了新品种，烹制出了许多新的看馔名品。炉灶、燃料、炊具均较前代先进，出现成龙配套的全席餐具。烹饪工艺规程严格，烹饪技术得到升华，名厨如林，珍馐佳肴丰富，清宫菜和孔府菜影响深远。四大地方菜系形成，地方风味蓬勃发展。大宴华美，礼仪隆重，全羊席和满汉席应运而生，饮食繁华，普遍重视养生食疗，形成"杯盘罗列争奇艳，酒席繁杂食满汉"的局面。

## 五、近、现代中国的烹饪，当代再现辉煌

### （一）近代时期（1911～1949 年）

中国经历军阀混战，八年抗战和三年内战，经济受损，百业凋敝，致使中国烹饪的总体发展也较缓慢，成果不甚明显。但在某些方面也有不少发展，如新原料的引进、仿膳菜流向民间，地方菜的发展，中国烹饪走向世界等。

**1. 引进新原料**

这一时期，引进了新的调味料，如味精、果酱、鱼露、咖喱、芥末、可可、咖啡、奶油、苏打粉等，逐步在烹饪中得到应用，使一些菜肴风味有所变化，质量有所提高。这在沿海大城市显得

更为突出。新原料的引进,对传统烹饪工艺产生了"冲击",有些菜式流程相应也有改变。

**2. 仿膳菜流向民间**

所谓仿膳菜,即御膳菜,出现于 20 世纪 20 年代。辛亥革命后,数百名御厨被遣散出宫。为了谋生,许多人重操旧业,或在权贵之家卖艺,或去市场经营餐馆。在北京北海公园经营的"仿膳饭庄"就是最好的例证。仿膳菜虽然来源于清宫菜,但又有别于清宫菜,菜肴在气质、风韵、基本用料和基本技法上具有皇家名馔的华贵。由于时代不同,就餐的对象不同,仿膳菜一方面扬弃了用料苛刻的帝王肴馔成分,另一方面变更菜肴名称,增加掌故,使之符合时代要求。仿膳菜多数与清宫庆典联系,如"千秋宴"即帝王生日宴、"大婚宴"即帝王纳后宴、"木兰宴"即清代帝王秋季在木兰围场打猎后举办的宴席。民国时仿膳菜或仿古宴,既继承了传统的宫廷饮食文化,又走出了戒备森严的宫廷,符合时尚。

**3. 地方菜开始缓慢发展**

例如沪菜,从鸦片战争开始,经过百余年的孕育,上海本帮菜吸收北京、山东、四川、广东、湖南、湖北、江苏、浙江、河南、福建等众多菜系流派之长,借鉴西餐某些技法,逐步形成特色。特别是吸收苏、锡菜特点自成一体,使沪菜更加具有江南水乡风味特色。而外地的众多菜馆为适应上海消费者的需要,也改变某些烹调方法和调味用料,使之逐渐形成具有上海特点的外地风味菜馆。川菜增加,大量西南地区食材和烹调方法得到发扬光大,小炒、小煎、干烧、干煸工艺,急火快翻、一气呵成,注重菜肴鲜嫩,清鲜醇浓并重,以清鲜为主,保持鱼香麻辣的特色,又有主次之分和轻重之别。充分发掘、利用天府之国调味品的优势,使味型变化更为精细;抗战之前,广东地区商贾云集,饮食业进入前所未有的黄金时代,广东著名的中餐馆、茶室、酒家、面包馆、西餐馆达 200 余家,柱侯类菜品、东江名菜、潮州美食和欧美大菜应有尽有。许多名店都有"拳头产品",如贵联升的"满汉全席"、南阳堂的"一品锅"、蛇王满的"龙虎烩"、旺记的"烤乳猪"、西园的"鼎湖上素"、六国的"太爷鸡"、陆羽居的"白云猪手"、金陵的"片皮鸭"、太平馆的"西汁乳鸽"都是享誉岭南乃至全国的佳肴。广州名厨梁贤代表中国参加巴拿马国际烹饪大赛,荣获"世界厨王"称号。为了适应岭南人"三餐两茶"的生活习惯,20 世纪二三十年代,广州的陆羽居茶楼率先推出"星期美点",将原来一月换一次点心品种改为一周更换一次,赢得了顾客的赞赏。"福来居"、"金轮"、"陶陶居"、"金菊园"等名店竞相仿效,依照不同季节、货源和场所,每周轮换一次品种(包括汤点、饭点、茶点),少则 6 咸 6 甜;多则 12 咸 12 甜。在花色品种上狠下功夫,以新擅名,以巧取胜,使广式点心增加近千种款式,为全国同行所钦佩。

**4. 中国烹饪走向世界**

鸦片战争以后至民国时期的一百年间,许多华人背井离乡,漂泊海外。他们中约有三分之一的人以经营小型家庭式中餐馆为生,并且世代相传。中华美食走出国门后,一部分仍保持粤闽风味或其他风味,另一部分因受原料限制或当地食俗影响,变成"中西合璧"的菜肴。但不论菜肴如何变化,中华美食在国外均普遍受到欢迎。20 世纪初叶,伦敦、纽约、巴黎、马德里、莫斯科、悉尼、米兰、利马、东京、马尼拉、新加坡、仰光、雅加达、曼谷、首尔(汉城)等地都有相当数量的中餐馆,总数不下数十万家。尤其是华侨聚居的唐人街,酒楼鳞次栉比,菜品精致细腻,店堂古色古香,为当地一大景观。孙中山先生在《建国方略》和《三民主义》中,曾提及这种盛况:"近年华侨所到之地,则中国饮食之风盛传。"中国烹饪之术遍传于美洲、欧洲各国,日本自明治维新以后,习尚多采西风,而烹调都嗜中国之味,故东京的中国菜馆林立。

（二）当代饮食文化的辉煌（新中国成立以来至今）

1. 政府高度重视

1949年10月1日，中央人民政府在北京饭店举行了盛大的国庆晚宴，被称为"开国第一宴"。新中国成立后，随着社会主义建设的发展，中国烹饪步入了新的发展时期。

从20世纪60年代起，中国烹饪改变了几千年来以师带徒的传艺方式，出现了专门的职业学校，将中国烹饪教育列入正规学校教育的轨道。随着烹饪教育的发展，中国烹饪由专门传授技术，向科学、艺术、文化教育的方向发展。特别是改革开放以来，中国烹饪进入了融合、交流、发展和提高阶段。

2. 创设机构，创刊烹饪杂志

1949年10月，食品工业部正式成立，在周总理的关怀下，规划全国食品工业生产和发展等事务。1956年公私合营后，全国各地纷纷举办各种饮食展览会、烹饪技艺展览会等，对恢复和发展传统的饮食文化和中国菜肴起到了宣传和推动作用。1957年1月《食品工业》杂志月刊创刊。"文革"期间，中国烹饪也受到了挫折。1977年6月《中国食品科技》创刊，1978年6月，《人民日报》发表题为《主食品需要大大改革》的文章，引起了对国人吃饭问题的普遍重视，国家开办中等教育，开设烹饪专业。1980年3月《中国烹饪》创刊，这一时期，在国家大政方针的指导下，全国各省相继开办中等职业技术教育（技校），开展烹饪专业人才培养工作。1982年4月《食品周报》在北京创刊，各省市、自治区纷纷设立食品工业协会和烹饪协会。国家各有关部门相继设立了工人技术考评委员会，开展对中式烹调师（红案厨师、白案厨师）考评工作。

3. 整理典籍，发展职业教育

中国商业出版社于20世纪80年代，相继整理出版了一批涉及饮食内容的著作，有《周易》、《尚书》、《诗经》、《吕氏春秋》、《千金食治》、《随园食单》等近百种并附译注。各地出版的烹饪刊物、烹饪书籍，包括菜谱、研究论文及烹饪教材不计其数；烹饪专业的职业教育，从职业中学、技工学校、中专，到专科、应用型本科的院校应运而生，扬州大学甚至已开始招收烹饪专业的研究生，一些经济发达的省份或高等院校建立了烹饪研究所，将中国烹饪提高到科学研究的新阶段。

4. 大赛不断

中央电视台、旅游局、中国及各省市烹饪协会多次举办烹饪大赛，促进烹饪事业的发展。各地方风味菜肴在传统烹饪的基础上，强调合理烹调、科学调配与加工，注重口味，最大限度地保存营养，使中国菜肴既具有良好的色、香、味、形、器、质的特色，又符合平衡膳食、安全卫生的要求，有利于消化和人体吸收。通过举办烹饪大赛，形成了中国菜肴的评价体系。

5. 倡导平衡膳食

1986年2月，中国营养学会在总结我国传统饮食模式的基础上，向全国百姓推荐了成人合理膳食构成指标。1997年，中国营养学会常务理事会通过了《中国居民膳食指南》。其基本内容为：①食物多样，谷类为主；②多吃蔬菜、水果和薯类；③每天食用奶类、豆类和豆制品；④经常食用适量鱼、禽、瘦肉，少吃肥肉和荤油；⑤食量与体力活动要平衡，保持适宜体重；⑥吃清淡少盐的膳食；⑦饮酒应限量；⑧食清洁卫生、未变质的食物。强调由膳食提供维生素C、E及酸碱平衡。中国菜肴不仅要达到这些指标，还要创新烹饪技法，使名菜不断涌现，从而推进中国烹饪事业的发展。

总之,随着中国经济的发展,各级烹饪研究机构的成立,伴随着烹饪教育的不断发展和完善,烹饪科技的应用,中国菜肴将会更加迅速地发展,并风靡全世界。

# 第三节 中国名菜制作技艺研究

中国名菜制作技艺的研究是对中国名菜的烹调文化、理论、技术、创新等的研究,是总结和挖掘中国地方菜肴制作工艺和特色,积极发展中国烹饪技术和菜肴的研究。对中国名菜制作技艺研究包括全面归纳、总结传统和现代餐饮的烹饪文化、技艺和经验的基础上,要按照中国名菜原料选择技术、烹饪工艺技术、调味技术的研究分析,达到认识、掌握、理解名菜制作技术要领,提升技术能力,发展和创新菜肴的目的;达到培养继承与发扬传统菜肴与技术,不断丰富中国烹饪文化的目的。

## 一、注重中国名菜文化的研究

### (一)注重中国烹饪主题的研究

中国烹饪文化历经 5000 年的传承,孕育了丰富文化内涵。对中国烹饪文化研究的目的,是深入研究中国烹饪发展过程中的精华和特色,做到古为今用,相互借鉴,并不断发扬光大。如对孔府宴的研究,就是研究孔府宴的文化内涵。孔府宴是用于接待贵宾、袭爵上任、生辰祭日、婚丧喜寿时特备的高级宴席。经过数百年发展,形成了独特的风味。孔府宴有喜宴、寿宴和家宴之分,也就是闻名天下的孔府三大宴。品尝孔府宴与一般宴席有所不同,例如喜宴在开席前要鸣放鞭炮,讲究一菜一格,一菜一味。除此,每道孔府菜都有一个美丽的传说,其中有道"万寿无疆"的大菜,据说是第 76 代衍圣公孔令贻向慈禧太后祝寿的佳肴,"老佛爷"尝后甚悦,遂赐孔令贻"紫禁城骑马"的殊荣,如今这道菜仍是孔府宴中的保留菜肴。值得一提的是,孔府的糕点如黑麻糕、元宝酥、如意饼、寿桃等,制作十分精巧且形色优美,为一般点心所不及。孔府菜的命名极为讲究,寓意深远。有的沿用传统名称,也有的取名典雅古朴,富有诗意,如"诗礼银杏"等;还有用以赞颂其家世荣耀或表达吉祥如意的名称,如"吉祥如意"等。孔府宴对于盛器也十分讲究,银、铜、锡、漆、瓷、玛瑙、玻璃等各质餐具齐备,因事而馔而用,取其形象完美。在多种盛器中,除鱼、鸭、鹿等专用象形餐具外,还有方形、圆形、元宝形、八卦形、云彩形等器具。这些盛器点缀了席面的富丽堂皇。简言之,孔府宴的菜肴之所以有其特色,是遵循了孔子"食不厌精,脍不厌细"的原则。从文化内涵研究可以借鉴中国传统宴席在主题选择与宴席布置、饮食礼仪、菜肴设计与名称、器皿选择以及菜点制作技艺等具有一定指导意义,形成创新宴席和菜肴的思路,提高创新能力。

### (二)注重中国名菜文化传承与发扬

随着人们生活水平和受教育程度的提高,人们的生活理念发生了巨大变化,对生活中的吃不再仅仅是温饱的问题,更注重营养保健的同时得到一种精神上的享受。烹饪文化的体验成为当今餐饮消费者追求的主要内容。就拿北京的几家全聚德烤鸭店为例,前门店拥有 135 年的历史,"老墙"是全聚德百年沧桑的历史见证。是不是在每一个加盟店都建造"老墙"呢?全聚德人经过研究认为,这种"克隆"不是在传授历史文化,而是在稀释历史文化。刻意地追求统一并不能达到良好的效果。于是"老墙"成为前门店所独有的"历史文化",前门店特设的"皇帝间"吸引了很多消费者;和平门店则突出"名人文化",这里接待的中外首脑、贵宾、名人成千上万,"名人园"中展示了名人的照片和题词,这里的"总统间"更是应接不暇;而开在王府井大街的王府井店,则结合王府井大街的文化特点,营造独特的"王府文化"氛围。全聚德挖掘全聚德的故事,让这些源源不尽的传统文化再现生机,为全聚德的发展注入活力。文化是企业精神,是无形资产,也是体验经济的源泉,是吸引消费者获得成功的关键。

### (三) 注重中国民间饮食习惯和传承

中国是一个农耕民族,具有许多民间传统文化和习俗。民间传统习俗与饮食具有密切关系,是我国人民生活的重要内容和民间交流的主要活动,注重民间传统习俗,是发扬中国传统文化的基础。

#### 1. 注重民间传统节日与食俗

(1)春节。中国民间历史最悠久、最隆重的传统节日,也是汉族和大部分少数民族的共同节日。汉族过春节,时间较长,一般从农历腊月初八开始,到正月十五元宵节为止。

春节大约已有三四千年的历史。原为农历的元旦,即人们通常说的过年。1911年辛亥革命后,因为改用世界通用的公历纪年,才将旧历元旦改称春节。进入腊月后,天寒地冻,农活较闲,人们有了较充裕的时间,可以开展各种喜庆活动,尽情享受丰收的喜悦,感谢大自然的恩赐。届时,市场上年货充盈,卖年画、窗花、鞭炮、灯笼、脸谱、春联以及节日食品用品等,人们摩肩接踵,货摊一个挨一个,讨买叫卖,热闹非凡。在几千年形成的节日习俗中,像接神、敬天等带有迷信色彩的活动,随着人们文化水平的提高,已经逐渐被淘汰。其他像贴春联、挂年画、贴剪纸等习俗延续至今,为节日增添了浓郁的气息。

初一破晓,北方人家家户户吃饺子,为了讨吉利,北方人往往把硬币、糖、花生仁、枣子和栗子等和肉馅一起包进新年的饺子里。吃到硬币的人,象征新年发财;吃到糖的人表示来年日子更甜美;吃到花生仁的象征健康长寿等。全国各地几乎都用江米面和黍子黏面做成黏糕(也叫年糕),寓意"年年高"。春节吃的食物大部分是节前准备好的。北方人大多吃馒头。南方是头几天淘米,名叫"万年粮米",意思是年年有余粮。年糕也是汉族过新年的必备食物。做年糕的谷物有多种,各地做法不尽相同。其中以江南的水磨年糕最为著名。北方则吃白糕或黄米黏糕,西南少数民族习惯吃糯米粑粑。春节期间,各种群众自娱活动很多,鞭炮声此起彼伏,家家户户的室内和门上贴上彩画和春联。舞狮的活动也很普遍,这是中国一项传统的民间节日体育活动,约起源于南北朝时期,民间舞狮一般由两人扮一头大狮子,一人扮作一头小狮子,另一个扮作武士,手拿绣球作引导。狮子随着鼓点的快慢轻重,或翘首仰视、或回头低顾,或回首匍匐,或抬头摆尾,千姿百态,妙趣横生。踩高跷也是我国许多地方流行的另一种节日舞蹈形式。一个个化了妆的人,脚踩三四尺高的木跷,手持各种道具,进行集体对舞,或三人起舞,或以哑剧的方式,表演某一段戏文。精彩的表演往往把节日气氛推向高潮。南方过春节还要举行花市。为了迎接年宵花市,人们在春节前一月就开始准备。到了花市那天,各种鲜花布满花市,任购者挑选。人们大多都要买一束鲜花装点自己的居室,增添节日的愉悦。

(2)元宵节。农历正月十五夜,是我国民间传统的元宵节,又称上元节,灯节。正月十五闹元宵,将从除夕开始延续的庆祝活动推向又一个高潮。元宵之夜,大街小巷张灯结彩,人们赏灯,猜灯谜,吃元宵,成为世代相沿的习俗。元宵节赏灯的习俗始于汉朝。隋唐时发展成盛大的灯市。到宋元时期,京都灯市常常绵延数十里。灯会的时间,汉朝只限于正月十五一夜,唐玄宗延长到三夜,到明朝规定从正月初八一直持续到正月十七。唐朝灯会中出现了杂耍技艺,宋代开始有灯谜。明朝又增加了戏曲表演。灯市所用的彩灯,也演绎出橘灯、绢灯、五彩羊皮灯、无骨麦秸灯、走马灯、孔明灯等。始于南宋的灯谜,生动活泼,饶有风趣。经过历代发展创造,至今仍在使用的谜格有粉底格、秋千格、卷帘格、白头格、徐妃格、求风格等一百余种,大多有限定的格式和奇巧的要求,巧立名目,妙意横生。

元宵节吃元宵的习俗始于宋朝。意在祝福全家团圆和睦,在新的一年中康乐幸福。元宵分实心和带馅两种,有香辣甜酸咸五味,可以煮、炒、油炸或蒸制。桂花酒酿元宵、以肉馅、豆沙、芝麻、桂花、果仁制成的五味元宵以及用葱、芥、蒜、韭、姜制成的象征勤劳、长久、向上的五辛元宵都各有特色。

(3)端午节。战国时代,楚秦争夺霸权,诗人屈原很受楚王器重,然而屈原的主张遭到上官大夫靳尚为首的守旧派的反对,不断在楚怀王的面前诋毁屈原,楚怀王渐渐疏远了屈原,有着远大抱负的屈原倍感痛心,他怀着难以抑制的忧郁悲愤,写出了《离骚》《天问》等不朽诗篇。

公元前229年,秦国攻占了楚国八座城池,接着又派使臣请楚怀王去秦国议和。屈原看破了秦王的阴谋,冒死进宫陈述利害,楚怀王不但不听,反而将屈原逐出郢都。楚怀王如期赴会,一到秦国就被囚禁起来,楚怀王悔恨交加,忧郁成疾,三年后客死秦国。楚顷襄王即位不久,秦王又派兵攻打楚国,顷襄王仓皇撤离京城,秦兵攻占郢城。屈原在流放途中,接连听到楚怀王客死和郢城攻破的噩耗后,万念俱灰,仰天长叹一声,投入了滚滚激流的汨罗江。江上的渔夫和岸上的百姓,听说屈原大夫投江自尽,都纷纷来到江上,奋力打捞屈原的尸体,纷纷拿来了粽子、鸡蛋投入江中,有位郎中还把雄黄酒倒入江中,以便药昏蛟龙水兽,使屈原大夫尸体免遭伤害。从此,每年五月初五屈原投江殉难日,楚国人民都到江上划龙舟,投粽子,以此来纪念伟大的爱国诗人,端午节吃粽子的风俗就这样流传下来。

(4)中秋节。相传,远古的时候,天上出现了十个太阳,烤得大地冒烟,海水枯竭,老百姓眼看无法再生活下去。这件事惊动了一个叫后羿的英雄,他登上昆仑山顶,运足神力,拉开神弓,一口气射下了九个多余的太阳,解救百姓于水火之中。不久,后羿娶了个美丽的妻子,叫嫦娥。一天,后羿到昆仑山访友求道,巧遇由此经过的王母娘娘,便向王母娘娘求得一包不死药,据说服下此药,能即刻升天成仙,然而,后羿舍不得扔下妻子,只好将不死药交给嫦娥珍藏。不料,此事被后羿的门客蓬蒙看见,蓬蒙等后羿外出后便威逼嫦娥交出不死药,嫦娥知道不是蓬蒙的对手,危急之时当机立断,取出不死药一口吞了下去。嫦娥吞下药后,身体立刻飞离地面,向天上飞去,由于嫦娥牵挂丈夫,便飞落到离人间最近的月亮上成了仙。后羿回来后,侍女们哭诉了一切。悲痛欲绝的后羿,仰望夜空呼唤爱妻的名字,这时,他惊奇地发现,今天晚上的月亮特别圆,特别皎洁明亮,而且有个晃动的身影酷似嫦娥。后羿忙命人摆上香案,放上嫦娥最爱吃的蜜食鲜果,遥祭在月宫里的嫦娥。百姓们闻知嫦娥奔月成仙的消息后,纷纷在月下摆上香案,向善良的嫦娥祈求吉祥平安。从此,中秋节拜月的风俗在民间传开了。

月饼象征团圆,是中秋的必备食品。而中秋吃月饼的习俗,据说是由元末流传下来的。相传元朝时,中原广大人民不甘受北方民族的残酷统治,纷纷起义抗元。朱元璋欲联合反抗力量,但元官兵搜查严密,苦于无从传递消息。所以刘伯温便想出一计策,命王昭光制做饼子,将写有"八月十五夜起义"的纸条藏入饼子里面。再使人分头传送到各地起义军中,通知他们在八月十五日晚上起义响应。因而一举推翻元朝,为了纪念这一功绩,因而中秋吃月饼的习俗也就传了下来。不论月饼源于何代,以月之圆兆人之团圆,以饼之圆兆人之常生,用月饼寄托思念故乡,思念亲人之情,祈盼丰收、幸福,皆成天下人们的心愿。

2. 注重民间"二十四"节气与食俗

人最讲究个"吃",随着节气、气候的不同,也是应养生的需要,因此人的饮食离不开节气与气候,这是天地阴阳自然规律,影响着人的生理变化,进而影响人的食欲。掌握天地变化与人的阴阳关系,就是掌握人的生理变化规律与自然法则的关系,通过调节饮食起到延年益寿的养生作用。这是现代人生活和饮食所追求的重要内容和目的。

(1)立春。立春是春季的第一个时节,在每年阳历2月4日前后。春季饮食上主要养阳,即进食一些有温补人体阳气作用的食物,以使人体阳气充实,从而增强人体抵抗力,抗御风邪气对人体的侵袭。立春当天,主食一定要吃春饼。每到这天家里总要准备许多菜,以备卷春饼用。比如菠菜炒肉丝、韭菜炒肉丝、蒜黄炒肉丝、热拌豆芽菜、酱肘子、松仁小肚、摊鸡蛋等。此外,这个节气期间,还要多吃萝卜,因为萝卜有很大的药用价值,它可祛痰、通气、止咳,甚至解酒、解毒、补脾胃、御风寒,是春季佳品。

(2)雨水。雨水是春季的第二个节气,在每年阳历2月19日或20日。湿润的空气多在雨水节气,天气暖和又不燥热,正是调养的好时机。调养首先应当"调养脾胃",因为脾胃是元气之本,而人体元气是健康之本。雨水节气当天,在吃方面随着春季气候转暖,又风多物燥,常会出现皮肤、口舌干燥等现象,应多吃新鲜蔬菜、水果,以补充人体水分,少食油腻之物。春季饮食应少吃酸味,多吃甜味,以养脾脏之气。雨水节气期间可以吃地黄粥、防风粥、紫苏粥调养脾胃。可选百合、山药、芋头、萝卜、荸荠等。不宜吃羊肉、雀肉等容易上火的肉类。

(3)惊蛰。惊蛰是春季的第三个节气,在每年阳历3月5日或6日。这个时节,春光明媚,万象更新,生机盎然。由于人体中的肝阳之气顺应时节而继续上升,阴血不足。阳气的升发受饮食的影响,更加助益于脾气,令五脏平和。其间主要以"春夏养阳"为原则,多吃能升发阳气的食物,如韭菜、菠菜、荠菜等。春天肝气旺易伤脾,所以惊蛰季节要少吃酸,多吃大枣、山药等甜食以养脾。

(4)春分。每年的阳历3月20日或21日为春分时节。这个时节的饮食调养,应根据自己的实际情况,选择能保持机体功能协调平衡的膳食,禁忌偏寒、偏热、偏升、偏降的饮食习惯。如烹调鱼、虾、蟹等寒性食物时,其原则必佐以葱、姜、酒、醋等温性调料,以防止菜肴性寒偏凉。

(5)清明。每年阳历4月4日或5日为清明。这个节气,天气阴凉,应该以补肾、调节阴阳虚弱为主,定时定量进食,多吃蔬菜瓜果。清明节又叫寒食节,过去讲究家家户户不起火,不吃热东西,而是吃前些天预备下的冷食。

(6)谷雨。每年阳历4月21日左右为谷雨,是春季的最后一个节气。当天要吃面条,一定要吃煮的。在这个节气里,肝脏气伏,心气逐渐旺盛,脾气也处于旺盛时期,是身体补益的大好时机,但不能像冬天一样进补,应当食用一些益肝补肾的食物,以顺应阴阳的变化,如玉米须大枣黑豆粥等。

(7)立夏。每年阳历5月5日或6日为立夏,是夏季的第一个节气。饮食上应注意忌食性热升发之物,以免耗气伤津;也不宜过早食用生冷食物,以免损伤脾胃阳气。立夏时节,正是小麦登场的时节,老北京讲究吃面食,意在庆祝小麦丰收。立夏的面食主要有面饼和春卷等。面饼,有甜、咸两种;春卷,用精制的薄面饼,包着炒熟的豆芽菜、韭菜和肉丝等馅料,封口处用面粉拌蛋清黏住,然后放在热油锅里炸到微黄时捞起食用。另外,老北京人立夏时还要吃扒糕。

(8)小满。每年阳历 5 月 21 日或 22 日为小满。夏季六节气饮食一定要注意补充水分和无机盐。过去,小满节气期间,野菜遍布京城,有句话说:春风吹,苦菜长,荒滩野地是粮仓。因此,这期间讲究吃野菜。

(9)芒种。每年阳历 6 月 5 日或 6 日为芒种。高温、多雨季节,宜多摄取含蛋白质食物,如鱼、肉、蛋、奶、豆类,并大量补充含维生素 $B_1$、$B_2$、C、A 的食物,如谷类、动物肝脏、西红柿、西瓜、甜瓜、桃、李等。

(10)夏至。每年阳历 6 月 21 日或 22 日为夏至。自此伊始,便进入炎热夏季。夏季六节气,人体的胃酸分泌逐渐减少,加上饮水较多,冲淡胃酸等原因,人体消化功能减弱,所以饮食应清淡一些,多吃些营养丰富、清淡的食物,少吃油腻厚味和热性的食物。此日民间流行面食,经常吃的就是炸酱面和麻酱面。

(11)小暑。每年阳历 7 月 7 日或 8 日进入小暑时节。小暑当天没有特别讲究,只是这个节气期间新米下来了,所以要尝新米。由于天气炎热,过去常吃炒豆芽菜(一定要是绿豆芽),它有清热解毒的功效。另外,多吃西瓜、西红柿等。

(12)大暑。每年阳历 7 月 23 日或 24 日是大暑,是一年中最热的节气。从这时开始阳热下降、湿气充斥,所以感受湿邪者较多。所以在此期间应以清热解暑为宜,可吃拌茄泥、炝拌什锦、绿豆汤。

(13)立秋。立秋在每年阳历 8 月 7 日或 8 日,昭示着秋天的到来。"贴秋膘"。夏季,由于天太热,人们什么都吃不下去,一旦立秋开始想着多吃些好吃的东西,常食炖肉、酱肘子、炖排骨。

(14)处暑。处暑在每年阳历 8 月 23 日或 24 日,是暑气结束的时节。处暑节气宜食清热安神的食物,如银耳、百合、莲子等。

(15)白露。白露在每年阳历 9 月 7 日或 8 日,它是典型的秋天节气。这时就到了人们常说的"秋燥"时节,易出现口干、唇干、鼻干、咽干等症状。可适当地多吃一些富含维生素的食品,也可选用一些宣肺化痰、滋阴益气的中药,如西洋参、百合、杏仁、川贝等,对缓解秋燥多有良效。

(16)秋分。每年阳历 9 月 23 日或 24 日,天气凉爽起来,而且"一场秋雨一场寒"。在这节气里,要少吃一些葱、姜、蒜、韭、椒等辛味食物,而要多吃一些酸味的水果和蔬菜。

(17)寒露。每年阳历 10 月 8 日或 9 日。寒露时节已经是露气寒冷,将凝结为霜。由于天气转燥,因而皮肤易干燥,寒露期间养生的重点是养阴防燥、润肺益胃。应少吃辛辣刺激、香燥、熏烤等类食品,多吃些核桃、银耳、萝卜、梨等。

(18)霜降。霜降在每年阳历 10 月 23 日或 24 日。这时气候已渐寒冷,夜晚下霜。时值霜降,人体脾气已败落,肺金当旺,饮食五味以减少味苦食物,适当增加酸、甘食物为宜。霜降期间当然讲究吃柿子,要论补筋骨,秋天里挂霜的新采的红柿子最好。

(19)立冬。立冬在每年阳历 11 月 7 日或 8 日,是冬季开始的日子。老北京立冬那天一定要吃饺子,老人们称之为"安耳朵"。

(20)小雪。小雪在每年阳历 11 月 22 日或 23 日。其时天气已冷,寒不深而雪不大,故名小雪。天气寒冷,要多吃热性祛寒的食物,如火锅、羊肉汤等。

（21）大雪。阳历每年12月7日或8日为大雪。此时开始降大雪。大雪期间是"进补"的大好时节。

（22）冬至。冬至在每年阳历12月21日或22日。这是个非常重要的节气，从这天以后到立春的45天，阳气渐升，阴气渐降；这天的白天是一年中最短的；自冬至起"数九"，三九是天气最冷、地面积蓄热量最少的日子。冬至这天，饺子是必不可少的节日饭。这是因纪念"医圣"张仲景冬至舍药留下的习俗。

（23）小寒。每年阳历1月5日或6日为小寒。表示冬季的寒冷由此开始。从饮食养生的角度讲，要特别注意多食用一些温热食物以补益身体，防御寒冷气候对人体的侵袭。如韭菜、茴香、生姜、葱、大蒜、栗子、狗肉。

（24）大寒。每年阳历1月20日或21日为大寒，是一年中最后一个节气，也是一年中最冷的时期。大寒节气中温度很低，人们要根据各自体质进行辨证膳食。阴虚者应食补阴虚食品，例如糯米、乳品、鱼类等食物；阳虚者则应多食温阳食品，例如狗肉、韭菜等。饮食上要加强营养，增加热量。

### 3. 注重民间谚语、警句、民谣与食俗

民间还有许多有关饮食方面的谚语、警句、民谣，其源于生活又指导生活，是人们在生活实践中经验的总结，是广大劳动人民智慧的结晶。如"要想人长寿，多吃豆腐少吃肉"。又如关于狗肉的谚语：有"入冬吃狗肉，大风刮不透"、"寒冬狗肉十里香"、"狗肉滚三滚，神仙站不稳"等说法。狗肉不但味美，也是冬令进补的佳肴。中国名菜中自古就有贵州的花江狗肉、江苏的沛县狗肉、宁波的河姆渡狗肉等。

有关养生的谚语也很多，如"健身养颜，稀粥烂饭"。以粥进补古已有之。宋代大诗人陆游，活了80多岁，并且"两目神光穿夜户，一头胎发入晨梳"；"已迫九龄身愈健，熟视万卷眼犹明"。其中一个重要原因，就是陆游特别喜爱吃粥，他在诗中写道："世人个个学长年，不悟长年在目前。我得宛丘平易法，只将食粥致神仙"。又如四川和湖南一带的民谣中就有"萝卜街上卖，药铺少买卖"。萝卜能防病治病，萝卜上市，买药的人也少了，正如俗语所说的"秋令萝卜赛人参"，可见萝卜的食疗价值非同一般。新鲜的萝卜中含有丰富的维生素A、维生素B、维生素C和大量的碳水化合物以及钙、磷、铁等矿物质，还含有一般蔬菜中没有的芥子油、碳化酶等特殊成分。因此，萝卜具有健胃消食、顺气解郁、止咳化痰的功效。据日本九州大学的科研资料证明，萝卜还具有明显的防癌抗癌作用。应提醒的是，吃中药补药者、体质虚弱者和胃痛病人忌吃。

还有"冬吃萝卜夏吃蒜，生姜四季保平安"。大蒜，民间有个传说：秋收时节，后母让亲生儿子看瓜地，而让丈夫前妻的儿子看蒜地。看瓜的儿子每天都能吃上甜瓜，看蒜的儿子饿了就煮大蒜吃。时间久了，看瓜的儿子面黄肌瘦，看蒜的儿子却又白又胖。这个故事说明，民间把大蒜看成是极富营养的食品。大蒜含有特殊辛辣味的挥发性硫化物，通称大蒜素，有调味及增进食欲之效，还有强烈的杀菌作用，可用以预防和治疗多种疾病。尤其是夏季常吃蒜，可以预防消化道疾病。民间还有"一日三瓣蒜，医生不见面"的说法。生姜本身就可做药物，在中医学上具有健胃、祛寒、发汗和解毒等药效。早在春秋时期，人们就知道姜有保健作用，《论语》中曾记载孔子"每日必食姜"的主张。之后，在《吕氏春秋》和《史记》中，也分别记载了姜在饮食中的作用。我国最早的药学专著《神农本草经》还记载了姜的药用功能。可见姜的饮食和保健作用被认识和利用，已有几千年的悠久历史。

（四）注重中国烹饪的美学研究

清代著名诗人袁枚，是当时一位广集众美的烹调爱好者。他纵观古来美食与美器的发展史后，叹道："古诗云：'美食不如美器'，斯语是也"。并说，菜肴出锅后，该用碗的就要用碗，该用盘的就要用盘，"煎炒宜盘，汤羹宜碗，参错其间，方觉生色"。这无疑是对美食与美器关系的一个精练总结。

1. 菜肴与器皿在色彩纹饰上要和谐

在色彩上，没有对比会使人感到单调，对比过分强烈也会使人感到不和谐。这里，重要的前提是对各种颜色之间关系的认识。美术家将红、黄、蓝称为原色；红与绿、黄与紫、橙与蓝称为对比色；红、橙、黄、赭是暖色；蓝、绿、青是冷色。因此，一般来说，冷菜和夏令菜宜用冷色食器；热菜、冬令菜和喜庆菜宜用暖色食器。但是要切忌"靠色"。例如将绿色物炒青蔬盛在绿色盘中，既显不出青蔬的鲜绿，又埋没了盘上的纹饰美。如果改盛在白花盘中，便会产生清爽悦目的艺术效果。再如，将嫩黄色的蛋羹盛在绿色的莲瓣碗中，色彩就格外清丽；盛在水晶碗里的八珍汤，汤色莹澈见底，透过碗腹，各色八珍清晰可辨。

在纹饰上，食物的料形与器的图案要显得相得益彰。如果将炒肉丝放在纹理细密的花盘中，既给人以散乱之感，又显不出肉丝的自身美，反之，将肉丝盛在绿叶盘中，立时会使人感到清心悦目。

2. 菜肴与器皿在形态上要和谐

中国菜品种繁多，形态各异，食器的形状也是千姿百态。可以说，在中国，有什么样的肴馔，就有什么样的食器相配。例如，平底盘是为爆炒菜而来，汤盘是为熘汁菜而来，椭圆盘是为整鱼菜而来，深斗池是为整只鸡鸭菜而来，莲花瓣海碗是为汤菜而来等。如果用盛汤菜的盘盛爆炒菜，便收不到美食与美器搭配和谐的效果。

菜肴与器皿在空间上要和谐。人们常说"量体裁衣"，用这样的方法做出的衣服才合体。食与器的搭配也是这个道理，菜肴的数量要和器皿的大小相称，才能有美的感官效果。汤汁漫至器缘的肴馔，不可能使人感到"秀色可餐"，只能给人以粗糙的感觉；肴馔量小，又会使人感到食缩于器心，干瘪乏色。一般来说，平底盘、汤盘（包括鱼盘）中的凹凸线是食、器结合的"最佳线"。用盘盛菜时，以菜不漫过此线为佳。用碗盛汤，则以八成满为宜。

3. 菜肴掌故与器皿图案要和谐

如中国名菜"贵妃鸡"盛在饰有仙女拂袖起舞的图案的莲花碗中，会使人很自然地联想到善舞的杨贵妃酒醉百花亭的故事。"糖醋鱼"盛在饰有鲤鱼跳龙门图案的鱼盘中，会使人情趣益然，食欲大增。因此要根据菜肴掌故选用图案与其内容相称的器皿。一席菜食器上的搭配要和谐。一席菜的食器如果不是清一色的青花瓷，便是一色白的白花瓷，其本身就失去了中国菜的丰富多彩的特色。因此，一席菜不但品种要多样，食器也要色彩缤纷。这样，佳肴耀目，美器生辉，蔚为壮观的席面美景便会呈现在眼前。

## 二、注重中国名菜选料技术的研究

（一）注重名菜原料发展文化的研究

自古以来，我国劳动人民发展农业和园艺生产，发展畜牧业、饲养业和渔业生产，不断扩大食物原料来源。

先秦时期,人们以菽(豆)、粟为主粮,稻、麦产量不多,一般人不能常食。两汉时期,农业发达,人们以粟、豆、稻麦为主粮。隋唐时,稻麦产区扩大,产量上升,人们以稻麦为主粮,已较普遍。五代、北宋以后,我国农业重心由黄河流域南移,江南和湖广成为重要的粮食基地,"湖广熟,天下足"、"苏常熟,天下足",人们多以稻麦为主粮。明中叶我国从国外引进玉米、红薯、土豆广为种植;明清时粮食作物有粳稻、小麦、大麦、粟、黍、玉米、高粱、红薯等,人们都用来充当主粮。

我国古代蔬菜瓜果丰饶。北魏《齐民要术》所载蔬菜品种为51种,到明代《本草纲目》菜部所列已达105种。白菜、萝卜、韭菜、大葱等最为古人所喜爱。古人善于引种和改良外来蔬菜品种。西汉时从西域引种胡葱、胡瓜、胡豆、胡萝卜、苜蓿、芫荽等蔬菜,魏晋到唐宋从印度、尼泊尔、泰国等处引种茄子、菠菜、莴苣、扁豆、刀豆等新品种,元明清时又从海路引入番茄、洋葱、辣椒等新品种。这些品种长期培育,衍生出亚品种、变种,优存劣汰,我国蔬菜品种到近、现代已有160多种。我国栽培果树历史悠久。桃、李、杏、苹果、梨、梅、枣、枇杷、柑橘、荔枝、龙眼、香蕉等以及古代各个时期引种的核桃、石榴、甜橙、西瓜、菠萝、草莓等果品纷呈,都是历代果农开拓、驯化、选育的成果。

夏商周时代,六畜的饲养头数较前有明显的增长,其中狗的数量增长尤快。狗肉是当时人们的主要肉食。秦汉以后,良种猪培育成功。这种猪体形肥壮肉质好,为农家所喜养。宋元时期,农村家庭饲养最多的是鸡和猪,其次是牛、羊、鹅、鸭。此外,鹌鹑和鸽子也早有家养的。明清两代各地出现大规模人工孵化家禽,当时我国先进的饲养禽畜技术,曾传播到欧美各国。

我国江河湖泊众多,海域辽阔,水产资源丰富。上古时代,我们祖先农耕与渔猎并重,把鱼类作为主要食源之一。古人早已发现,今江苏、浙江、福建沿海是大黄鱼繁殖的水域,江、浙、鲁、冀、辽沿海盛产小黄鱼。每当盛夏,数以万计的渔船出海捕捞大小黄鱼(石首鱼),已有两千多年捕捞史。古代捕捉乌贼、鲟鱼、螃蟹的历史都很长,至迟在西周已开始了。清代时定期捕捞带鱼,已成为渔业生产中的重要一项了。我国是世界上最早人工养鱼的国家。宋代人工养殖草、青、鲢、鳙四大家鱼成功,明清时淡水养殖业已从长江流域扩展到西江流域。

### (二)注重中国名菜原料属性研究

中国名菜之所以能传承,都与其文化、选料、加工、烹制、调味的独特性是分不开的。传统名菜在制作中,大部分菜肴在选择加工、烹制与调味之前,首先注重原料本身的烹饪属性。有的发挥其清淡特性、有的发挥其鲜美特性、有的发挥其独特香味的特性、有的发挥其形体美的特性等。也就是说,菜肴设计的基本原则是注重原料本身属性,发挥其优点。因此,对原料文化与属性研究是菜肴成功的基础和主要手段。

如乾隆下江南宴中有一道名菜"凝脂江鮰",选用上等长江鮰鱼。首先要研究鮰鱼这原料的特点,才能确定加工、烹制与调味方法。鮰鱼(鮠鱼)下身略带粉红,无鳞,粗长,腹部膨隆,尾呈侧扁。鮰鱼是长江水产的三大珍品之一,学名"长吻鮰(鮠)",因与"回"同音,民间通称"回鱼",又称"鮠鱼"、"肥沦"、"江团"、"白吉"、"肥头鱼"。这种鱼只见于大江大河的激流乱石之中,湖泊中极难见,溪或堰塘中不会有,生存水域一般都至少在10米以上深度。鮰鱼一般重约1500~2500克,少数个体可达10千克。春冬两季,长江江口鮰鱼体壮膘肥、肉质鲜嫩,正是品尝的最佳时令。鮰鱼又称"大吻",盛产于长江湖北石首江段,长江在此迂回,素有九曲回肠之称,鲴鱼因此得名。其鱼身通体雪白,柔嫩少刺,细腻如脂,是高蛋白低脂肪的绿色食品。其鱼鳔晾干后即成著名的"笔架鱼肚"。"白吉鱼"产于南通狼山、镇江焦山一带江段,鱼体白而隐红无斑纹,背鳍白中隐有淡灰色,鱼肉肥嫩刺少,是鲴鱼中稀有的名贵品种。苏东坡曾写诗赞曰:"粉红石首仍无骨,雪白河豚不药人"。诗中道出了鲴鱼的特别之处:肉质白嫩,鱼皮肥美,兼有河豚、鲫鱼之鲜美,而无河豚之毒素和鲫鱼之刺多。鲴鱼鱼肉天生爽口,所以煎、炒、石烹、捞起做冷盘皆可。煎的时候,配的是黑椒汁酱,鱼腩微焦表面目的是封住鱼汁,外焦内嫩。小炒则是搭配一些蔬菜来吃,爽而不散。捞起的配料简单如蒸煮,豉油的调配显得很重要,太浓会盖过鱼之鲜,太淡又令配料鲜味抢闸,微咸中带甜才刚好带出鱼的鲜味。

可见,鲴鱼选用是有时间、地点要求的,烹制是有讲究的。而乾隆下江南宴的"凝脂江鲴",不但选用通体雪白的上乘长江鲴,并且以天然物料和深海鱼骨等烧制而成的汤(凝脂),利用生豆油富含卵磷脂,能与水乳化的特性,加上鱼骨等原料,制成的鱼汁,色泽乳白,鲜香醇厚,再煨制江鲴,鲜美润滑,在烹制过程中光撇油就需 3 次,(撇去的都是鲴鱼本身溢出的油脂,再后捞出鱼块,再加鸡油收汁,以达到凝脂的效果。暗香辅味鲜香醇成为这道名菜的关键性技术,而选料是核心技术。

研究名菜除起到传承中国名菜文化与技术外,关键在于发扬光大,因此创新能力培养是目的。就名菜用料的研究主要的发展趋势有以下几方面:

1. 开拓新兴原料

通过挖掘自然界新原料来创新菜肴成为现代餐饮企业和厨师的热点。但关键在于新兴原料的产量与可持续性的问题;

2. 开拓珍贵原料

从国内外挖掘珍贵原料用于菜肴制作,如珍贵西餐原料用于中餐菜肴制作,如白松露、阿拉斯加蟹、三文鱼和牛肉等。

3. 原料质量标准化

特定菜肴选择特定原料,保证原料的品质和风味成为发展中餐菜肴的趋势,这也是借鉴西餐发展和标准化生产影响。

4. 原料的时令性

追求天人合一思想逐渐让人接受成为今后饮食的理念,时令原料成为各个节气和气候的首选原料。

5. 营养保健原料

追求药食一体具有养生保健的原料成为追求健康现代人饮食,尤其是中老年人和有病人饮食的追求。

6. 绿色有机原料

绿色、有机原料是稳定百姓生活、发展健康饮食的主流,随着科学技术的发展、生产经营者的诚信度和责任心的提高,对百姓生活和饮食具有深远影响,并发生巨大变化。

7. 中西融合

引进更多优质原料逐步用于中国菜肴制作,包括各种调味品和调味汁。

8. 新、奇、特原料的发展

如太空食物、海洋食物、人造与合成食物以及自然界中鲜为人知的食物,成为创新菜肴的原料。

## 三、注重中国名菜加工技术的研究

### （一）注重中国名菜的加工技术研究

中国名菜的加工技术表现及艺术欣赏的价值，必须在承袭传统基础上，更应做不断的突破，充实自己物理、化学、卫生、美术等各方面的知识，才能不断创新和发展。注重中国名菜的加工技术研究就是要研究菜肴制作体现原料物性、入味、造型等关键技术。必须研究菜肴加工技术，即刀工处理技术。也就是用各种不同的刀法将材料切成特定的形状，刀工技术不仅决定材料的形状，且影响菜肴完成后的色、香、味以及卫生等方面。

1. 使菜肴易于入味

许多材料，如不经切割，则味道无法透入内部。刀工须密切配合各菜的特点，依材料的性质和形状而各异。有些菜肴由主材料与副材料构成，此时需注意调和的刀工，一般而言，副材料应随从主材料。

2. 使烹调更容易

中国烹饪有各种烹调方法，为了配合火候烹调，刀工要切得适宜。

3. 使造型更加美丽

切成整齐、美观形状，不仅赏心悦目，且可增进食欲。必须使材料粗细、厚薄均匀，如果切刻材料不均，不仅将因部分材料未熟而损及味道，且会影响卫生。

### （二）注重中国名菜烹调技术研究

中国历代的先祖，经过不断的努力与创造，为中国带来了辉煌的烹调技术，也为后代留下多彩而丰富的文化遗产，形成各地菜肴各自的特色，见表1-1。

表1-1　各地名菜特色

| | |
|---|---|
| 北京菜（京） | 炸、溜、爆、烤见长，菜肴脆、嫩、味香而浓 |
| 淮扬菜（苏） | 炖、焖、煨、烧，着重精艺菜肴的制作，味道浓厚，黏融可化，略带甘甜 |
| 四川菜（川） | 干烧、干炒、鱼香、宫爆著称，味道厚重，其特色为酸辣、麻香 |
| 广东菜（粤） | 材料繁多，富于变化，形状美而着重于鲜、嫩、爽、滑 |
| 福建菜（闽） | 清汤、干炸、爆炒见长，常使用红糟，味浓，略带酸甜 |
| 安徽菜（徽） | 山珍野味著称，长于烧、炖，着重火候，可发挥材料的原味 |
| 浙江菜（浙） | 工细，以爆、炒、烩、炸为主，味清爽可口 |
| 湖南菜（湘） | 熏与腌为主，烹饪法以熏、蒸、干炒为重，味浓而多酸辣 |
| 山东菜（鲁） | 偏重清汤与奶汤 |

　　中国名菜制作技艺是综合而灵活运用烹调技术的结果,是注重原料物性基础上,合理处理原料,配以秘制高汤、调味汁或香油等形成独特口味、口感和品质,成为名菜长期受欢迎的特质。在此,以鲍鱼烹制为例加以说明。

　　鲍鱼,全世界品种约达100余种,大致可区分为新鲜鲍鱼、干鲍鱼与罐头鲍鱼等多种,在处理与烹调过程,略有差异。罐头鲍鱼是熟的,切成薄片是一道上好的冷菜。罐头鲍鱼有日本的和墨西哥的两种,各有千秋。新鲜鲍鱼即为活鲍鱼,这种鲜鲍鱼,在用刷子刷洗其壳后,将鲍鱼肉整粒挖出,切去中间与周围的坚硬组织,以粗盐将附着的黏液清洗干净。活鲍鱼在清洁处理后,一般不需刻意烹调,就可品尝到绝佳的风味。干鲍是将新鲜鲍鱼经风干后制作而成,是海鲜里相当名贵的美味,其中又以日本青森县的网鲍品质最佳。干鲍之中,以网鲍为首,其次有窝麻鲍、吉品鲍等。干鲍适合整粒以沙锅慢煨的方式来烹调,以保存它的鲜美原味。

　　干鲍处理是关键:将鲍鱼泡于冷水中48小时;取出后用沸水泡一晚,让其自然舒展,回复原状;将干鲍四周刷洗干净,彻底去沙,否则会影响到鲍鱼的口感与品质;洗净后加水没过鲍鱼,置于蒸笼内连续蒸8小时;于沙锅中加入鲍鱼、老母鸡、猪小排、生猪油与糖、姜葱等材料;慢火炖12小时(也可使用蒸笼或电蒸锅,不过沙锅具保温功能,因此效果最佳)后再温一晚;第二天取出后,加入原汁、蚝油整颗慢火煲1.5小时后,即可品尝到口感绝佳的鲜美鲍。

　　涨发后的鲍鱼必须配以高汤,如红烧鲍鱼,关键在于研究其高汤配制,有老母鸡、净火腿、干贝、烤鱼翅汤、干贝汤、白糖、精盐、酱油、料酒、淀粉、鸡油等。将干紫鲍用水发制好,加入鸡肉、火腿、干贝,上火焖3小时后,将鲍鱼取出,原汤过箩备用;将鲍鱼剞上花刀,再斜切成半厘米厚的片;将100克焖鲍鱼的原汤和鱼翅的汤、干贝汤一起放进双耳锅,煮沸后放入鲍鱼片,滚煮10分钟,加入白糖、精盐、酱油、料酒等调料,以淀粉调成浓汁,出锅前加少许鸡油。

　　又如乾隆宴中一道"芝麻蒿秆"。原料为嫩芦蒿450克、黑芝麻适量。制作时芦蒿过油,飞水,加炼香油焋汤翻炒至软装12寸莲花盆,撒上熟黑芝麻即成。表面看非常简单,无神秘之处,即原料虽平常,制作技术也简单,但香味不一般。芦蒿特有的清香加上自炼香油,香香叠加,流连忘返。此菜制作中关键在于炼香油,需几个小时,是用鸡油、大排肥膘、葱姜加水先煮后熬。可见名厨的独具匠心,暗香辅味,看似低调,效果奇特。

### 四、注重中国名菜制作技艺研究的方法

　　中国菜肴创新能力的培养关键在于研究名菜的基础上达到用料创新、配菜创新、调味创新、技术创新。中国传统技术的传承是靠"师傅带徒弟",技术发挥靠实践经验,并因"教会徒弟饿死师傅"观念的影响,往往师傅总是要留一手而导致无法完全传承;此外,中国长期缺少标准化意识,常以经验和感觉实施烹饪,因此,在学习中常以模仿为主,传承也有可能偏离"正宗"。因此,科学研究方法、标准化研究手段是中国名菜制作技艺研究的核心。

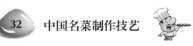

（一）中国名菜原料认识及鉴定研究与实践

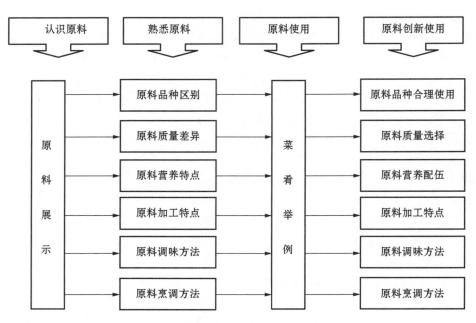

图 1-1　原料认识及鉴定与实践流程

（二）中国名菜调味汁加工研究与实践

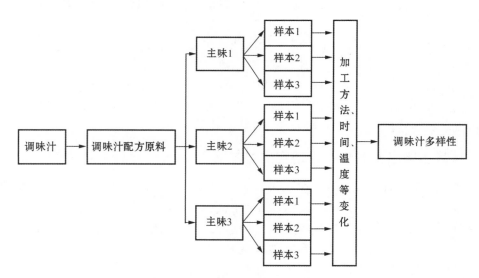

图 1-2　调味加工研究与实践流程

（三）中国名菜剖析研究与实践

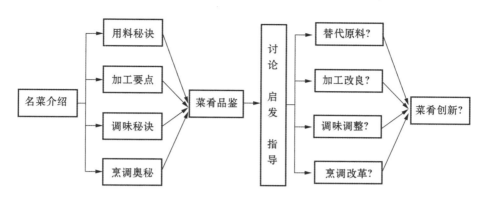

图 1-3　名菜剖析研究与实践

# 第二章 名菜原料认识与鉴定

中国名菜制作原料是关键技术。原料的选择因地、因时、因品种、因饲养或栽培方式等不同而有明显的区别,不但影响菜肴口味、品质、营养等,还影响到刀工、热加工和调味等技术处理。名菜之所以能传承,原料选择和加工也是关键。基于这样特点,熟悉常见的名菜原料的特点与烹饪属性是学习名菜,突破传统技术的重要技术,提高创新能力的基本要求。

## 第一节　水产品的种类、品质、特点及上市时间

### 一、海水鱼

**1. 鲈鱼**

鲈鱼,又称花鲈、鲈板、花寨、鲈子等。我国南北各沿海均产,以辽宁省的大东沟,河北省的山海关和北塘,山东省的羊角沟等处产量较高,质量较好。

鲈鱼的外形特点是:体近纺锤形而侧扁,口大而倾斜,下颌长于上颌,背厚鳞小,呈青灰色,体侧及背鳍棘部散布黑色斑点,此斑点随年龄的增长而减少,侧线平直,腹部为灰白色。鲈鱼一般重约 1.5～2 千克,大者 5～25 千克。鲈鱼为肉食性鱼类,主食小鱼、虾类,秋季在河口区产卵,有时可溯入淡水或咸淡水索饵,故其品质以立秋后为最好。

鲈鱼是一种含蛋白质和维生素 A 较高的鱼类。每 100 克鱼肉中含水分 78.1 克,蛋白质 17.5 克,脂肪 3.1 克,钙 56 毫克,磷 131 毫克,铁 1.2 毫克,还含多种维生素。具有滋补、益筋骨、和肠胃及活水气等功效。鲈鱼肉多呈蒜瓣肉,刺少,味鲜美。其食法,可用来炖汤、红烧、炸、煎、糖醋或制鱼丸等。

**2. 鮸鱼**

鮸鱼又称敏子、敏鱼,属石首科鱼。主要产于广东、福建、浙江、江苏沿海,每年 3～4 月份质量最好。鮸鱼头尖,颊部有四孔,背鳍两个相连,中央有深缺刻,色为棕色,腹部灰白,背鳍上缘为黑色,鳍条中间有一纵行黑色条纹,胸鳍边缘为黑灰色。鮸鱼重约 2.5 千克以内,为一种上等鱼类,其鱼鳔可加工成鱼肚,为鱼肚中的上品。其食法同于大黄鱼。

**3. 石斑鱼**

石斑鱼品种在我国就有 20 余种,绝大多数分布于南海和东海,尤以广东沿海北部湾产量最大,质量最好,产期为每年 4～7 月。

石斑鱼的外形与鲈鱼相似,但体呈椭圆形,比鲈鱼体宽,侧扁,口大,两颌内行牙较大,前鳃盖骨后缘有锯齿,鳃盖骨具 1～3 枚粗棘,背鳍连续,缺刻浅,有 10～11 枚硬棘,臀鳍有 3 棘,第 2 棘最粗长,体背色多鲜艳,多栖于热带海洋的岩礁和珊瑚礁丛,并多为名贵食用鱼类,经济价

值很高。

### 4. 鲷鱼

鲷鱼,又称加吉鱼,属鲷科鱼类。它们主要分布于太平洋沿岸,我国的主要产区为南海、东海和黄海。每年8~9月为鲷鱼的最佳食用时间。

鲷鱼,体呈长椭圆形,侧扁。体被大栉鳞或圆鳞,颊部被鳞。头较大、口小、端位,上颌可伸出。牙强大,两颌前端呈圆锥形或门牙形,两侧多呈白齿形。背鳍连续,棘强大,可折收于背沟中;臀鳍3棘,第2棘最强,尾鳍叉形,胸位腹鳍,1棘5鳍条。鲷鱼为温、热带近海底层鱼类,为世界性名贵海产鱼类。常见的品种有以下三种。

（1）真鲷,又称加吉鱼、铜盆鱼、赤鲫。其特点是体红色,上侧有碧蓝色斑点,尾鳍边缘黑色。

（2）黄加吉,又称黄鲷,全身呈银白色,但腹鳍呈金黄色,有光泽,很像一只黄色的脚。其肉质细腻,味道鲜美,尤其是鱼头,含有丰富的蛋白质及胶质,鲜甜而芳香,为鲷鱼中的珍品。

（3）黑鲷,又称黑加吉,其头稍尖,背鳍鳍部条及臀鳍基部披小鳞,臀鳍第2棘最强大。体灰褐色,侧线上有一黑斑,除腹鳍外,各鳍边缘为黑色,体侧有5~6条淡黑色横纹。产量较高,品质也好。

## 二、淡水鱼

### 1. 鲤鱼

鲤鱼属鲤科鱼类。分布较广,我国各湖泊、江河均有出产,而以黄河上游、白洋淀所产河鲤最为著名。鲤鱼一年四季均产,但以2~3月产的最为肥美。

鲤鱼,其外形呈柳叶形,头后部稍隆起,鳞片大而紧,嘴部有须一对,背鳍前方有锯齿状硬棘。体色因品种而异,大多为青黑色,胸鳍、腹鳍和尾鳍常带红色或黄色。鲤鱼的品种按生长环境可分为河鲤鱼、江鲤鱼和池鲤鱼三大类。河鲤鱼,体色金黄色,胸鳍、尾鳍带有红色,肉嫩味美,品质最好,主要品种有黄河鲤鱼、潮白河鲤鱼、白洋淀鲤鱼等。江鲤鱼,鳞肉皆为白色,体肥,肉质发白有酸味,尾秃、质量较差,池鲤鱼,鳞呈青黑色,刺硬,肉质细嫩,略有土腥味。

鲤鱼营养价值较高,其每100克鱼肉中含水分76克,蛋白质20.5克,脂肪2.7克,钙95毫克,磷242毫克,铁0.5毫克,维生素B2 0.06毫克,维生素P为2.3毫克。鲤鱼的肉质肥厚而嫩,最适宜鲜食。鲤鱼的食用适合于烧、炸、蒸、炖、炒、煎等。

### 2. 青鱼

青鱼,又称青浑、黑浑、乌鲩、铜青、乌鲭、螺蛳青等,属鲤科鱼类。分布于我国各大水系,主产于长江以南,以湖北、湖南最多,每年9~10月生产的最肥。

青鱼,鳞呈圆筒形,嘴部稍尖,头顶圆宽,尾部侧扁,脊部青黑色,腹部灰白,各鳍灰黑色,喉骨上有一排臼状的咽喉齿,能把螺蛳等软体动物的外壳压碎。青鱼食量大,生长速度第1年最慢,第3年最快,体重可达到2.5~3.5千克,在天然水域中,最大的可长到60千克。青鱼营养比较丰富,每100克青鱼肉中含水分74.5克,蛋白质19.5克,脂肪5.2克,钙25毫克,磷171毫克,铁0.8毫克,还含有多种维生素。青鱼肉质白而结实,肉嫩而味鲜,肉中刺少。一般多以清蒸、烧食之,也可加工成鱼片、鱼丝、鱼米、鱼泥等,适合于炒、熘、蒸、炸、汆汤等。

### 3. 草鱼

草鱼,又称白鲩、草青、鲩子等,属鲤科鱼类。草鱼分布很广,一年四季均产,以湖南、湖北

9～10 月所产的最佳。

草鱼,鱼体为圆筒形,嘴部钝宽,额面扁平,眼小无须,体侧黑褐色,腹部白灰,胸鳍和腹鳍皆为橙黄色,背鳍和尾鳍为灰色,鳞大而圆。生活于中层水域,喜食水草。在池塘养殖,生长最快时间是在第 2 年,可长到 2～2.5 千克重,在天然水域中,最大的可长到 30 千克以上。

草鱼的质量因地区不同有较大的差别,以湖北省的草鱼质量为最好。每 100 克鱼肉中含水分 77.3 克,蛋白质 17.9 克,脂肪 4.3 克,钙 36 毫克、磷 173 毫克,铁 0.7 毫克,还含有多种维生素。草鱼,肉色白,质细嫩,有弹性,味道鲜美,是淡水中的上等鱼。其肉性温,有暖胃和中、平肝去风、益肠明目的功效。草鱼食法,一般可用于炒、烧、熘、蒸等,著名的西湖醋鱼就是用草鱼烹制的佳肴,享誉中外。

4. 鳜鱼

鳜鱼,又称桂鱼、季花鱼、鳌花鱼、花鲫等,主要分布于我国南北江河湖泊之中,尤其是长江流域、松花江、黑龙江等所产的较多。长江流域以湖北、江西、安徽为主要产地,北方以黑龙江和松花江所产的质量最好。鳜鱼是我国名贵的淡水食用鱼,一年四季均有生产,以 2～3 月所产的最肥嫩。

鳜鱼体侧扁较高,背部隆起,口大,下颌骨向上翘,全身披细鳞,背鳍鳍棘坚硬粗壮,全身颜色淡黄,背部稍青,体两侧有淡青色云纹状块及许多不规则的斑块和斑点,鳍上有棕色斑点。鳜鱼喜欢生活于淡水底层,有白天潜伏,夜间活动觅食的习性,为肉食性鱼类。其体重为0.25～1 千克不等。鳜鱼有很多品种,如翘嘴鳜、大眼睛鳜、斑鳜、无斑鳜、暗鳜、波纹鳜、长鳜等。

鳜鱼肉质细嫩,刺少而小。味道鲜美,没有腥味,其品质能与蟹肉媲美,难分伯仲。鳜鱼为我国五大淡水名鱼之一,营养丰富,是鱼中佳品。其 100 克鱼肉中含水分 77.1 克,蛋白质18.5 克,脂肪 3.5 克,钙 79 毫克,磷 143 毫克,铁 0.7 毫克,还含有多种维生素。鳜鱼味甘性平,令人健壮,有补虚劳、益脾胃、治肠风下血之功效。在烹调中,适合于清蒸、醋熘。

5. 团头鲂

团头鲂,又名方鱼、武昌鱼,为鲤科鱼类。因其原产于湖北省鄂城县(古称武昌)而得此名。现主要分布于长江中下游一带,以湖北产的质量最好,每年的 5～8 月为它的主要产期。

团头鲂体高而侧扁,呈菱形,体长为体高的 2～2.5 倍,腹部的角质鳞从腹鳍至肛门,体背浓黑而带灰色,腹部银白色,鳍蓝中带红。鱼体生长快,成鱼体重可达 1.5～2 千克,是一种名贵的淡水鱼。

团头鲂营养价值较高,每 100 克鱼肉中含水分 60 克,蛋白质 20.8 克,脂肪 15.8 克,钙 115毫克,磷 195 毫克,铁 2.2 毫克,还含有多种维生素。团头鲂的脂肪含量在鱼类中是很高的,故人们又称这种鱼为高脂肪高蛋白质的鱼类。

团头鲂,骨少肉多,脂肪丰富,肉质鲜嫩,一般可炖、蒸、油焖、滑熘等,味道均很鲜美,是一种难得的佳肴。

6. 河鳗

河鳗,学名鳗鲡,俗称白鳝、青鳗、鳗鱼等,属鳗鲡科鱼类。主要分布在热带和亚热带地区。在我国南北各大江河都有分布,天然产量较丰富,每年 7～8 月产量最高,而于春冬季节最肥嫩,质量最好。

河鳗体形细长,前部圆筒状,后部稍侧扁,头中等大,眼小,嘴尖而扁,下颌稍长于上颌,两颌及犁骨,只有细牙,鳞小埋于皮下,背鳍、臀鳍和尾鳍相连,胸鳍小而圆,无腹鳍。体背部灰黑色,腹部白色。河鳗是一种降河洄游性鱼类。鳗鱼肉质细嫩,味道鲜美,为高级食用鱼。每100克鱼肉中含水分74.4克,蛋白质19克,脂肪7.8克,钙46毫克,磷70毫克,铁0.7毫克,维生素A78个国际单位,还含有其他多种维生素。鳗鱼的食用以湖泊和溪流中所产为佳,肉嫩骨小。鳗鱼适合于红烧、清蒸、锅烧、烤等。也可制作鱼丸和风、醉、糟、油浸等加工复制。

### 7. 鲥鱼

鲥鱼,属鲱科鱼类。主要分布于我国东海和南海,繁殖季节洄游进入江河之中。因此鲥鱼主要产于长江下游、钱塘江、富春江、珠江等水域,其中以镇江和富春江出产的为最佳。鲥鱼以每年4~6月为盛产期,而以端午节前后最多,肉质也最肥美,故有所谓"桃花流水鲥鱼肥"的诗句。

鲥鱼之外形似鳓鱼,主要特点是体侧扁,口大,前口位,头及背部灰黑,并带蓝绿光泽,体被圆鳞,体侧银白,闪闪发光,头尖燕尾,臀鳍较小,肉质厚实。成年鲥鱼体重约1千克,大者可长至2.5~3千克。鲥鱼的营养价值很高,每100克鱼肉中含水分64.7克,蛋白质16.9克,脂肪17克,钙33毫克,磷216毫克,铁2.1毫克,还含有多种维生素。其中脂肪和热量(900千焦)居鱼类首位。

鲥鱼的食用以鲜品为佳,体色暗淡,肉质发红者品质较差。鲥鱼肉白细嫩,刺多而软,鳞片薄而富含脂肪,汤鲜味美,驰名中外,已成为我国特有的名贵鱼种之一。鲥鱼由于鱼鳞为脂肪鳞,食时不可去鳞,否则会损失一部分脂肪而降低其营养价值。鲥鱼的食法,宜于清蒸、炖、烤,也可红烧,但以清蒸最佳。以其为原料烹制的菜肴有"清蒸鲥鱼"、"红烧鲥鱼"、"烤鲥鱼"、"酒酿蒸鲥鱼"、"铁板鲥鱼"等,精美滋味,畅脾开胃,增进食欲。

### 8. 刀鱼

刀鱼又称凤鲚鱼、马齐、河刀鱼。刀鱼生活于海中,每年开春前后则成群由入海口,沿江而上作产卵洄游,此时是刀鱼上市的最佳时期。故刀鱼盛产于长江流域中下游及附属的湖泊,其次天津的海河和广东的珠江口等地也有刀鱼生产,但以镇江、扬州所产的刀鱼质量最佳。

刀鱼,体形狭长,头尖而小;体背淡绿色,体侧、腹部银白色,胸鳍上部有游离鳍条6根延长成丝状,尾鳍不对称,下叶与臀鳍相连。刀鱼营养丰富,每100克鱼肉中含水分78.2克,蛋白质18.2克,脂肪2.5克,钙26毫克,磷529毫克,还含有多种维生素。早春入江的刀鱼,肉质细嫩,体肥脂多,骨刺软,食之风味最佳,故有"初春刀鱼最宜人"之说。

刀鱼,尤其是雄鱼,含脂量最高,可与享有盛名的河鳗、鲥鱼相媲美,是一味难得的时令佳肴。刀鱼的食用,可清蒸、油炸、烧等。还可做刀鱼面,用刀鱼肉做成的鱼圆和鱼丸更是别具风味。

## 三、其他类

### 1. 龙虾

龙虾是虾类中个体最大的品种,我国主要产区位于南海和东海南部,以广东的南奥岛所产的质量最好,世界上则以澳洲及东南亚各国为主要产地。龙虾因其体小头大形似龙而得名,是虾类中的名贵品种,每年以夏季为盛产期,深受中外食客的喜爱。

龙虾体大肉多,一般个体重约500~1000克,最大者可达5千克。肉质细嫩而洁白,味道鲜美而形态高贵,为中西高级宴筵的常用品种。龙虾食用品质好,营养丰富,含蛋白质量较高,并含脂肪、碳水化合物、钙、磷、铁、碘,维生素 $B_1$、$B_2$、A,烟酸等。龙虾蛋白质含量高出河虾和瘦猪肉的 20%,所含脂肪低 40%左右,维生素 A 高 40%。龙虾的食用大多以清蒸为佳,也可剔肉用于炒、熘、爆等菜肴。

**2. 白虾**

白虾,又称晃虾、迎春虾,海里、河里均产。海产的白虾分布于我国南北各沿海的近海区,以黄、渤海产量多;淡水产的分布于全国各大江河、湖泊、池塘、水库等水域中,产量也较高,以江苏太湖产的白虾较为著名。白虾的盛产期在立春前后,每年 3~5 月份所产白虾质量最佳。

白虾,一般体长 5~9 厘米,头、胸愈合为头胸部,外有一层甲壳为头胸甲,腹部被各自分离的甲壳,体腹部能够自由伸缩。白虾有一条较短的须,身体白色透明,微有蓝色或红色小斑点。体形自然弯曲,外壳很薄,肉白,虾籽黄色,外形十分美观。皮薄而软,肉质鲜美,品质较好。白虾每年 3~5 月份产卵繁殖,卵抱于腹,此时虾的品质最佳。幼虾成长很快,到秋季便长为成虾。白虾的食用以鲜食品质较好,适宜于油爆、红烧、咸水煮、炒、熘等,味鲜肉嫩。

**3. 青虾**

青虾又名河虾、沼虾,北京通称青虾、清水虾、水晶虾。主要产于江河、湖泊、池塘等水域,以河北白洋淀、江苏太湖、山东微山湖出产的最为著名。我国所产青虾称"日本沼虾",每年 4~6 月为盛产期,其质最好,尤其是立夏前后肉质最肥嫩。其次每年的 9~10 月也有少量上市,质量也较好。

青虾的特点是,头部有须两对,第 2 对长触须能从两侧伸达体后,胸部步足是为螯足,第 2 螯足粗壮而长,两眼突出,尾呈叉形,体淡青绿色,带有棕色斑纹。青虾肉质脆嫩、鲜美,营养丰富,每 100 克虾肉中含有蛋白质 17.5 克,脂肪 0.6 克,钙 221 毫克,磷 23 毫克,铁 0.1 毫克,还含有多种维生素。

青虾是烹饪上经常使用的名贵原料之一,食用以活鲜为主,死的或皮壳发红者食用价值较低,甚至不能食用。青虾的使用可剔肉为虾仁炒制,肉脆嫩爽口,带皮使用颜色红亮,既好吃又美观。青虾于冷热菜中均用,一般多用于炒、爆、炸、烩、煎、盐卤等烹调方法。

**4. 鲍**

鲍,又称鲍鱼、耳贝、将军帽、石决明肉、九孔螺等,属鲍科。鲍分布很广,我国大连、烟台、广东等沿海都有生产,其中辽宁的大连地区,岛屿众多,礁石林立,气候温和,饵料丰富,很适合鲍的栖息和繁殖,其鲍的产量占全国的 70%以上。世界上许多国家也有生产,如日本、美国、墨西哥等,而以日本、墨西哥生产的鲍最著名。海中捕捞鲍多在每年 6 月以后,秋季很少生产,6 月以后生产的质量最好。

鲍的种类较多,全世界约有 100 余种,我国沿海北部生产的有盘大鲍(又称大鲍、黑鲍)、皱纹盘鲍等,南部生产的有杂色鲍(又称九孔鲍)、耳鲍、半纹鲍、羊鲍等,皆为我国盛产名品。其中以辽宁和山东沿海的皱纹盘鲍产量最大,约占鲍鱼总产量的 70%。

鲍肉肥细嫩,滋味极鲜美,清凉滋补,自古就是席上珍肴。鲍富含营养,每 100 克鲍肉中含蛋白质 40 克,肝糖 33.7 克,脂肪 3.7 克,还含有磷、铁、钙、胆壳素、壳角质等成分,并含有多种维生素。鲍的食用常因品种而异,鲜鲍,宜爆炒,食之鲜而脆;听装鲍,一般用于烧、烩、扒、熘或汤羹,鲜味稍次于鲜品;干制品,涨发后才能烹制。

**5. 蚶子**

蚶子,又名瓦楞子,属蚶科。我国沿海均有生产,以辽宁、河北和山东沿海产量最多,每年的 7～9 月为蚶子的盛产期。目前已人工饲养成功,产量较高。

蚶子的种类很多,我国沿海分布的蚶子大约有 50 多种,常用的品种主要有泥蚶、毛蚶和魁蚶三种。

蚶子肉质脆嫩,味道鲜美。蚶肉含有丰富的蛋白质和矿物质,其血中含有血红素,相传为一种补血的妙品,故被视为海鲜中的珍品。蚶子的食用较为普遍的是凉拌、制馅、红烧或制成蚶子干,最饶有风味的是涮蚶肉,其入口清香鲜爽,细嫩滑腴。

6. 牡蛎

牡蛎,俗称"海蛎子",简称"蚝",又称"蛎黄",是一种生长在海边岩石上的贝类,属牡蛎科。我国自黄海、渤海及南沙群岛均有生产。目前已发现有 100 多种,以美国、中国、新西兰、澳大利亚等最为盛产。我国主要产地为辽宁的大连、山东的烟台羊角沟以及广东的沙井。牡蛎每年在产卵季节前的肉非常丰满,其上市季节一般自 12 月到翌年的 4 月,而冬季质量最好。

牡蛎的特点是,壳形不规则,下壳较大,附着于他物,上壳较小,掩覆如盖,无足无丝。牡蛎品种较多,我国有近 20 种,有褶牡蛎、长牡蛎、大连湾牡蛎、密鳞牡蛎、近江牡蛎等,以辽宁大连生产的大连湾牡蛎,产量最高,质量最好。

牡蛎是一种营养价值极高的名贵海产品,味美肉细,易于消化,含有丰富的蛋白质、肝糖原、维生素和矿物质。其中含碘量比牛乳和蛋黄高 200 倍,含锌量高于目前已知的所有食物。

牡蛎的食用以鲜品为佳,肉味鲜美,适合于炸、煎、生氽、炝、醉、炒、熘、蒸等多种烹调方法。此外牡蛎肉还可加工成干制品蚝豉,其汤汁煎熬浓缩后,即成为一种营养丰富、具有海产风味的蚝油。

7. 贻贝

贻贝,又称壳菜,俗称"海红",属贻贝科。主要产于我国沿海一带,也可人工养殖,我国福建、浙江、山东和辽宁等均有出产。每年春季是贻贝最肥的季节,这时气温较低是加工干制品淡菜的最佳时期。

贻贝的种类很多,我国约有 30 余种,常见的有紫贻贝、原壳贻贝和翡翠贻等三种。

贻贝肉质细嫩,味道鲜美。每 100 克干肉中含蛋白质高达 59～60 克,脂肪 7.6 克,糖类 13.4 克以及钙 277 毫克,磷 864 毫克,铁 245 毫克,碘 120 毫克,并且还含核黄酸、尼克酸等物质。贻贝中所含的不饱和脂肪酸较多,特别是甘碳四烯酸占 16.6%,是一种维持人体生理功能的必需脂肪酸。贻贝,味甘,性温,有补肝肾、益精血、降血压等功效。其食用,适宜于多种烹调方法,可拌、炝、炸、熘、爆、炒、氽、烩等,其中以氽海红最受欢迎,汤清澈见底,味鲜肉嫩。

8. 蛏子

蛏子,俗称青子,是缢蛏、竹蛏等总称,分别属缢蛏科和竹蛏科。主要产于福建、山东、辽宁、江浙沿海地区,以江苏沿海生产的质量较好。目前蛏子为福建、浙江沿海渔区主要养殖贝类之一。蛏除供鲜食外,可加工成蛏干、蛏油以及罐头等。每年 3～8 月为蛏子上市和加工蛏干的主要时期。

缢蛏两壳相等,壳薄,略呈长方形,自壳顶至腹缘近中央处有一斜沟,外被黄绿色角质层,足强大,多数呈圆柱状。竹蛏壳质薄脆,呈长方形,好像两枚破竹片,故得名。以福建连江县出产的竹蛏最为著名,竹蛏个体较大,色泽蜡黄,肉质丰满,品质优良。蛏子的肉质如牡蛎,色泽白润,味道鲜美,质地鲜嫩滑爽。

蛏子是一种营养价值很高的食品。含有丰富的蛋白质、矿物质和维生素。每 100 克鲜蛏肉中,含水分 88 克,蛋白质 7.1 克,脂肪 1.1 克,糖 2.5 克,钙 133 毫克,磷 114 毫克,铁 22.7 毫克,碘 0.19 微克,并且蛏肉味甘、咸、性寒,具有滋补、清热、除烦等功效,在民间都作为滋阴补脾的食品。蛏子在烹饪中有较广泛的用途,醉、凉拌、炝、炒、余、蒸、熘等均可,还可腌或制酱等。

9. 扇贝

扇贝,是栉孔扇贝、日月扇贝的总称,属扇贝科贝类。主要分布于我国山东、辽宁、广东、福建等地沿海,其中以山东烟台出产的质量最好。每年 4～8 月为扇贝的主要产期。

扇贝外壳呈扇形,壳顶两侧有耳状体,常见品种有以下几种。

日月扇贝,壳近圆形,壳顶两侧耳状体相异,左壳呈赤褐色,表面偶有若干斑点散生,右壳白色有少许赤褐色斑点,左壳上有同心圆之筋纹,十分细密,右壳则无同心圆细筋纹。

栉孔扇贝,其壳扇形,壳顶两侧耳状体大小不同,前耳大,壳表面有十条放射性状主肋,主肋间尚有小肋,肋上生有棘状突起,壳一般为褐色,并有各色彩纹,比较艳丽。

扇贝以其肉及其闭壳肌为主要食用部分,肉质细嫩鲜美,营养丰富,堪称筵席上的一颗"明珠"。扇贝是高级滋补品,其闭壳肌干品中,每 100 克肉中含蛋白质高达 63.7 克,脂肪 3 克,并含有丰富的钙、磷和维生素,其含磷高达 886 毫克,是水产品含磷量较高的品种之一。扇贝的食用适宜于爆、扒、余、蒸、熘等多种烹调方法,其中以蒸、熘、余等能保持其独特的食用风味。

10. 乌贼

乌贼,俗称墨鱼、乌鱼、墨斗鱼,其干制品称螟蜅、墨斗鱼干。我国沿海均有生产,而以浙江舟山产量最大,福建、广东次之,长江口以北至黄、渤海则产量很少。乌贼的产期在各地都有所不同。广东沿海于每年 2～3 月,福建为 4～5 月,浙江为 5～6 月,山东为 6～7 月,是生产旺期。

乌贼具有丰富的营养素,可以代替鱿鱼食用,也属宴席上的珍品。它所含的蛋白质比兽肉、禽肉和鱼类都要丰富,更大的优点是它的营养成分容易溶解在液汁中,适宜于体弱的人食用且容易消化吸收。据分析每 100 克鲜乌贼肉中含蛋白质 13 克、脂肪 0.7 克、钙 14 毫克、磷 150 毫克、铁 0.6 毫克,还含有一些维生素,完全可以与带鱼、大小黄鱼相媲美,而且它的消化率高达 92%。但乌贼含胆固醇较高,有心血管疾病的人尽可能少食。此外乌贼还具有一定的滋阴养血、益气强身等功效。

乌贼的食用方法较多,可炒、烧、爆、烤、炸等,而以红烧、炒爆、烤为佳。特别是和猪肉、腐乳汁共烧,制作"目鱼大烤"风味最佳。

# 第二节　山珍类、海味类、野味类、干菜类、干货类

## 一、山珍类品种的特点及品质

1. 羊肚菌

羊肚菌(属多孔菌纲,盘菌目,羊肚菌科,羊肚菌属),又名羊肚蘑、素羊肚。羊肚菌产量最高的是云南省丽江地区和四川省。

野生羊肚菌的营养价值十分高,每 100 克干品中,含蛋白质 24 克,脂肪 2 克,糖类 39 克,

纤维 7 克及钙、钾、镁和维生素,并且其蛋白质的消化率高达 60%～70%。此外,还含有人体必需的 7 种氨基酸,占总氨基酸量的 39%,高于其他菌类。

羊肚菌是宴席中的珍稀原料,一般以个体均匀、不破、无杂质、身干,不霉者为上品。羊肚菌的食用,适合于多种烹调方法,无论作汤羹、清蒸、清炖,还是炒、烩等都是清香四溢,味美异常,是不可多得的珍馐美馔。

2. 猴头菌

猴头菌,又名猴头菇,与熊掌、海参、鱼翅被誉为四大名菜,素有山珍猴头、海味燕窝的美名。猴头菇属担子菌纲非褶目齿菌科。我国的吉林省、黑龙江省、河南省南阳地区和西南地区都有出产。

猴头菌肉肥厚鲜味嫩、清香可口。含蛋白质、纤维素及矿物质等营养成分,并有治疗功能。猴头菇不分级别,以个体均匀,色鲜黄,质嫩,须刺完整,无虫蛀和无杂质者为好。

猴头菌不仅肉嫩鲜美,而且营养丰富,居食用菌之首。据化学分析,猴头菌含有 16 种氨基酸,其中有 7 种氨基酸是人体新陈代谢不可缺少的物质。此外,猴头菌还含有脂肪、酰胺及铁、钙、硫、磷等微量元素等。猴头菌不仅营养价值高,而且还是难得的补品、珍贵的药材。

3. 鸡腿菇

鸡腿菇是鸡腿蘑的俗称,因其形如鸡腿,肉质肉味似鸡丝而得名,是近年来人工开发的具有商业潜力的珍稀菌品,被誉为"菌中新秀"。鸡腿菇性平,味甘滑,具有清神益智、益脾胃、助消化、增加食欲等功效。

鸡腿菇还含有抗癌活性物质和治疗糖尿病的有效成分,长期食用,对降低血糖浓度,治疗糖尿病有较好疗效,特别对治疗痔疮效果明显。由于鸡腿菇集营养、保健、食疗于一身,具有高蛋白,低脂肪的优良特性。且色,香,味形俱佳。菇体洁白,美观,肉质细腻。炒食,炖食,煲汤均久煮不烂,口感滑嫩,清香味美,因而备受消费者青睐。

4. 虫草

又名冬虫夏草,主要产于青海、西藏、四川、云南、新疆以及东北地区,以青海产的质量最好。虫草一般生长于海拔 3000～4500 米的高寒地区,生长周期为四年,每年 4～6 月采集成熟后的虫草。

虫草是虫草菌寄生于蝙蝠蛾幼虫体内形成的一种复合体,具有冬天为虫,夏天为草的生活史,故而得名。虫草干品具有微香、微酸的特点,以色黄亮泽,肥满,断面黄白色,菌座短小,味香者为上品。

虫草具有很高的营养价值和药用价值。据分析,虫草含有虫草酸 7 克,蛋白质 25 克,脂肪 8.4 克,碳水化合物 28.9 克,水解液氨基酸 18 种,具有滋肺阴、补肾阳、益精髓、止血、止咳化痰、益气止汗、爽神明目等功效,适合于蒸、炖、煨、泡酒等食用方法。

5. 发菜

发菜,又名龙须菜,头发菜、江篱等。为人工采集的一种野生藻类,经晒制加工成的珍贵干菜。主要分布于我国西北部的宁夏、陕西、甘肃、青海等地的小沟、溪间。每年春秋两季为加工生产季节。

发菜,属蓝藻门,念珠藻科藻类。藻体细长,呈墨绿色的毛发状,因而得名。发菜的采集多于黎明前后,空气比较湿润,不易拉断,先用铁笆捞取,经加工洗净晒干后,即为成品。

发菜质地清脆幼嫩,滋味鲜爽,有清香味,并且有很高的营养价值。据测定,每 100 克干发菜中,含蛋白质 20.92 克、脂肪 3.72 克、碳水化合物 28.92 克、钙 2560 毫克、铁 200 毫克,此外还有较为丰富的维生素。发菜其性味甘寒,故虚寒者当忌食。发菜的食用,一般先用水洗净,泡发半小时左右,与鱼、肉及其他佐料等煮成汤类;也可与淀粉、肉泥等做成"发菜丸";还可用于点心等制作,用途较广泛,并且"发菜"与"发财"谐音,故备受商界食客的喜爱。

## 二、海味类品种的特点及品质

### 1. 鱼翅

鱼翅是由鲨鱼和鳐鱼的鳍或尾端部分经加工而成的海味品。

鱼翅品种较多,质量差别大,根据其来源主要分为鳐鱼翅和鲨鱼翅。鲨鱼翅又因其背鳍、胸鳍、臀鳍和尾鳍皆可加工成鱼翅,并且质量各不相同,因此鲨鱼翅的品种常以鱼鳍生长部位来划分,分为勾翅、脊翅、翼翅、荷包翅。鱼翅还可按是否经加工以及其形态又可分为原翅、明翅、净翅等。

鱼翅之所以能食用,是因为鱼翅中有一种形如粉丝状的翅筋,为胶原性蛋白质。鱼翅有极丰富的营养素,每 100 克鱼翅中含蛋白质 83.5 克,脂肪 0.3 克,钙 146 毫克,磷 194 毫克,铁 15.2 毫克。由于鱼翅所含蛋白质中缺少一种必需氨基酸,即色氨酸,为一种不完全蛋白质,故人体对鱼翅的营养消化吸收率较低。鱼翅质量以干燥、色泽淡黄或白润、翅长、清净无骨的列为优质品,适宜于烧、扒、烩、烤、制汤等。

### 2. 海参

海参是以海产的鲜海参经加工晒干制成的海味品。海参属于海参纲棘皮动物,广布于世界各个海洋中。我国南海沿岸种类较多,渤海、黄海的浅海水草间亦有生产。我国主要产地是辽宁、广东、海南、西沙群岛沿海地区。

常见的有以下几种:

(1) 刺参,是参类中最好的一个品种。干品以纯干、肉肥、味淡、刺多而挺的淡水货为上品。市场上刺参商品规格有三个等级,一等刺参每 500 克 40 个以内,二等品每 500 克为 41～55 个,三等品每 500 克为 56 个以上。

(2) 梅花参,产于我国南海,以海南、东沙群岛和西沙群岛一带产量较高,它是我国南海食用海参中最好的一种。梅花参其体形似凤梨,故又称"凤梨参",是海参中最大的一种参,体长可达 1 米,素有"海参之王"的美称。梅花参的背面肉刺很多,每 3～11 个肉刺基部相连呈花瓣状,故得名。鲜活梅花参体色橙黄或橙红色,干制品为纯黑色,带有白霜。干制梅花参,每个重约 200 克,开膛展平、体面刺多而大,身干燥味淡为佳。梅花参的食用品质不如刺参。

(3) 大乌参,产于海南岛和南海各群岛。它是海参中体形较大的品种,体面无刺,色灰褐,外皮粗老,肉肥嫩厚实,是光参中的上品。其加工必须用火烤焦外皮,刮去焦皮洗净后再涨发,其涨发率高,品质好,可与梅花参相媲美。

海参的营养价值很高,含有蛋白质、磷、钙、铁等物质。并且性温有滋补之功能,有补虚损、理腰脚、去黄疸、利尿消肿等功效,可与人参相匹,故得海参之称,是"海八珍"之一。海参的干品以个大、均匀、纯干和肉肥者为佳,适合于烧、爆、扒、烩和蒸等烹调方法。

### 3. 鱼肚

鱼肚,是由大型海鱼的鳔,经漂洗加工晒干制成的海味品。主要产于我国浙江沿海,舟山群岛一带,如温州、岱山、象山等,福建沿海、广东沿海、海南岛以及广西北海等地。我国各地的鱼肚产期有所不同,每年 5～10 月份均有生产。

鱼肚的品质特点与品种有着密切的联系。依其加工所用鱼类不同,鱼肚可分为黄唇鱼肚、鲟鳇鱼肚、毛常鱼肚、黄鱼肚、鮸鱼肚、常鱼肚和鳗鱼肚等。从质量上来讲,黄唇鱼肚、鲟鳇鱼肚、毛常鱼肚和鮸鱼肚质量最好;黄鱼肚和鳗鱼肚质量稍次。

鱼肚的食用在我国已有悠久的历史,鱼肚的质量以身干、体厚、片大、整齐、色泽淡黄或金黄透明者为上品,是宴会上名贵的烹饪原料。适合于烧、烩、扒、炖、拌等烹调方法,以它为主料烹制的菜有白扒鱼肚和鸡茸鱼肚等。

4. 鱼皮

鱼皮,是用鲨鱼皮加工制成的。我国主要产区是福建省宁德、蒲田和龙溪,广东省的汕头和湛江,山东省的烟台和辽宁省的大连等地区。

用于加工鱼皮的鲨鱼品种主要有虎鲨、白耳鲨、青鲨、真鲨和姥鲨等。鱼皮的质量主要取决于鱼的品种和加工部位。按品种区分,虎鲨质量最好,白耳鲨次之,青鲨、真鲨和姥鲨在后。从加工部位区分,以鲨鱼腹部皮加工而成的鱼皮,片大胶厚,质量好。一般来说鱼皮的质量以皮面大、肉面洁净、色泽透明洁白、外面不脱沙、无破孔、皮色泽光润、呈灰黄、青黑或纯黑、皮厚实、无咸味者为上品。鱼皮的加工每年 4～12 月均有生产。

鱼皮是一种富含胶原蛋白的海味珍品,经烹调后,其味鲜汁浓、细腻适口。如"红烧鱼皮",汁色棕红,鱼皮肥糯,回味无穷。

5. 鱼唇

鱼唇是用鲨鱼吻部周围的皮及所连软骨加工而成的名贵海味品。生产于山东和福建等沿海地区,每年农历三月至十一月均有生产。

鱼唇的加工有的是整张头部鱼皮,有的切成方块。按鲨鱼的品种及加工方法的不同有青皮、胡皮、长坛、二沛、龙胆皮和花芦等多种。鱼唇的质量以色泽透明、唇肉少、皮质厚,骨及杂物少、干度适宜、无虫蛀者为上品。唇肉多,骨多,色泽透明度差,体软,干度不够或干燥过度,有虫蛀质变的质量较差。

鱼唇富含胶原蛋白,具有强身健体的功效。鱼唇经水发以后,适合于炖、烧、烩、扒等较长时间烹调的方法。以其为主料烹制的菜肴有"砂锅鱼唇"和"蚝油扒鱼唇",其味鲜汁浓,蚝香诱人。此外还可用于煨汤、炒食。

6. 鱼骨

鱼骨,又称明骨,鱼脑。鱼骨是用鲨鱼或鲟鱼之头部软骨组织经加工干制而成,为"海八珍"之一。主要产于辽宁、山东、浙江和福建等沿海地区,每年农历三月至五月为加工生产的主要时期。

鱼骨,其形状有圆和扁。每块大者重约 50～100 克,小者重约 5～10 克。品质好的鱼骨具有色泽金黄、质地明亮或半透明、油性大、干燥柔软、无外骨等特征。色泽发红或发黑,质地不明亮,油性较小的质量较差。鱼骨色泽发红发黑的原因,主要是加工不及时,又因暴晒所致。

鱼骨具有很高营养价值,不仅含有丰富的骨胶蛋白,还含有骨素。骨素对人的神经、肝脏、循环系统等都有滋补作用。鱼骨的食用,先经水发后,用高汤烩食。也可作甜食,加冰糖和香精烩食,有补骨益髓的功效。还可氽、炖、烧等。以其为主料烹制的菜肴有"清汤鱼骨"、"蜂蜜鱼脆"和"鸡米烩鱼骨"等,味道鲜美,质感滑嫩而脆嫩。

### 7. 淡菜

淡菜，又名海红、壳菜，是由贻贝的肉经蒸煮后晒干制成的海味品。我国福建、浙江、山东和辽宁等地均有生产。春季是贻贝最肥的季节，并且此时气温低，加工淡菜产量高，质量好。淡菜的加工时间多在农历二月至四月之间，此外也可在8～9月间加工生产。

淡菜形体扁圆，中间有条缝，外皮生小毛，色泽黑黄，其品质以纯干、整齐、色鲜、肉肥者为上品，在市场上销售，按大小分为四个等级。紫淡菜，体形最小，如蚕豆般大。中淡菜，其体形如同小枣般大小。大淡菜，其体形如同大枣般大小。特大淡菜，体形最大，干制品每三个约有50克。

淡菜肉质细嫩，色泽褐黄，味道甘美，营养丰富。其干品含蛋白质高达59.1％，糖类13.4％，脂肪7.6％，还含有丰富的钙、磷、铁、碘等物质。淡菜性温，味甘、咸。有补肝肾，益精血、降血压等功效。其含碘每100克中占120微克，这对甲状腺亢进的病人是极好的保健食品。淡菜的食用可炖肉、氽汤，味道鲜美，是起鲜增味的佳品。

### 8. 干贝、珧柱

干贝、珧柱是以扇贝科、江珧科、海菊蛤科贝类的闭壳肌干制而成的名贵海味品。我国辽宁、山东、广东、福建和浙江等沿海均有出产，但以山东长山岛和荣成县的产量最高，以荣成县出产的质量最好。

干贝，是由栉孔扇贝和日月扇贝的闭壳肌制成，一般以外形粒大饱满，形整丝细，色金黄为上品。日月扇贝除加工干贝之外，其余的外套膜常与闭壳肌一起，像编发瓣似的数个编在一起，晒干后即成为"日月鱼"干制品。

珧柱，又称江珧柱，是以江珧科各种江珧闭壳肌加工制成的干品，色较白，肉较松散，外皮易开裂，有老筋，肉质较粗，品质不如干贝鲜美。此外海菊蛤科的贝类，如车、棘蛤的闭壳肌也可加工成干贝，俗称珧柱，其干制品口感粉状，与真正的珧柱的丝状感觉截然不同，质量较差。

干贝和珧柱是高级美味的名贵菜肴原料，具有肉质脆嫩，滋味荤美甘甜，富含蛋白质，脂肪。每100克肉中含蛋白质67.3克，脂肪3克，糖类15克，磷886毫克，铁46毫克等以及多种维生素。并具有调胃和中、滋阴补肾之功效。其食用一般以高汤蒸发后，用于宴会高档菜肴制作。适宜于蒸、炒、烧、烩、汤羹等多种烹调方法。

## 三、野味类品种的特点及品质

目前，野生动植物资源保护、科学合理开发利用，得到较快发展，国家林业部先后确定了以野生动物植物为原材料的产品深加工工业和发展扶持部分企业，加大野生动物植物园、湿地公园、城市动物园的建设力度，大力发展运动狩猎和特种旅游的规划，组织企业团体会员逐步开展实施。野生动植物，特种养殖业、种植业深加工、动植物园和国际狩猎业进入一个新的发展时期。

《关于促进野生动植物可持续发展的指导意见》指出，加强对野生动植物野外资源的普遍保护，除科学研究、资源培育、公众卫生、文化交流等特殊情况外，禁止或严格限制猎捕或采挖珍稀、濒危野生动植物用于商业性经济利用的活动；禁止以食用为目的猎捕野生动物和采集国家一级保护野生植物；对野外资源达到一定数量的野生动植物，其利用须按照"资源消耗量小于资源增长量的原则，严格实行管理，并仅限用于医药、保健、传统文化等领域，以有限资源尽可能保障国家重点需要；对局部区域、个别物种野外资源确已达到生境饱和容量或已对当地农林业产生不利影响的情况,从维护生态的角度,可以有组织、有计划对其资源进行合理利用,并实行严格监督管理,防止资源过度消耗。

中国野生动物保护协会副秘书长李青文指出:"保护利用要科学,做到保护开发和谐发展,为人类造福。"

餐饮企业使用的可食用野生动物,一般是指经过人工饲养繁殖能够为人们提供食用产品的野生动物;是经过科研管理部门鉴定能够进行规模化生产或者家庭人工培育或饲养繁殖的品种,大多属于非重点保护的野生动植物;是一些野外资源比较丰富,能够为人们普遍的人工饲养或培育提供足够的种源的野生动植物;是一些养殖产品具有较明显的高于普通蔬菜和家禽家畜类的营养价值,并且能够为人们普遍接受的野生动植物。

1. 蛇

蛇为爬行类动物,种类繁多,主要有蟒科、游蛇科、眼镜蛇科、蝰蛇科等四大类。形态特征:蛇类附肢退化,不具肩带及胸骨,开放式肋骨,体表角质鳞。

品质:蛇类均可供食用,肉质洁白细嫩,味道鲜美,属于高蛋白、低脂肪的肉类,蛇皮、蛇肠也可作烹饪原料。广东一带用蛇烹制菜肴,常有"三蛇"、"五蛇"之称。"三蛇"指眼镜蛇、金环蛇、灰鼠蛇。"五蛇"指"三蛇"加上滑鼠蛇、三索锦蛇、百花锦蛇、银环蛇、乌梢蛇等任何两种,即成五蛇。

食用方法:蛇肉适于烩、炒、焖、烧、煎、炸、扒、泡、蒸、炖等烹调技法。蛇肉的品质以眼镜蛇、眼镜王蛇、金环蛇等质量为好,以水蛇的质量较次。加工特点:蛇肉质含有丰富的结缔组织,质地较粗老,初加工要求高,肉不可用水浸泡,否则肉质老韧。

2. 山瑞

山瑞,为爬行动物,产于广东、海南岛、广西等地的山区,东南亚国家如泰国也有生产。山瑞生活于河流或山区溪间,春季产卵,是上市的主要季节。山瑞外形如大型的龟,黑色背壳呈粒状凸起,背呈灰黑色、墨绿色或紫黑色,腹部紫黑色,肚白色,皮肤粗糙,四肢粗壮,裙边宽大而厚,尾、四肢也有不同大小的肉质鼓钉状突起。

山瑞肥嫩,质量优于甲鱼,并且含有丰富的氨基酸种类,是一种难得的滋补佳品,适合于烧、炒、炖、蒸、制汤等食用方法。

3. 海狗鱼

海狗鱼,学名称为大鲵,又称山椒鱼。因其叫声如孩啼故又得名娃娃鱼。海狗鱼是我国乃至世界珍稀的有尾两栖动物,是冰河时期的幸存者。我国海狗鱼主要分布于湖北、山东、四川、湖南、广西等地区,而以湖北资源最为丰富。在湖北武汉龟山脚下,以及神农架、宜昌、恩施等地均产海狗鱼。

海狗鱼外形特征为,头宽而扁,躯干粗壮,尾侧扁,尾端钝圆,口大有齿,四肢粗壮,沿体侧有纵肤褶,眼小不具眼睑。其个体一般为60~70厘米。大者长达2米,重约20~30千克。爬行缓慢,栖息于海拔200~1000米,水温10~18℃的山谷清澈溪流水中,昼伏夜出。

海狗鱼肉白肥嫩,味极为鲜美,皮胶浓重,营养丰富。据分析,每100克肉中,含蛋白质12克,脂肪0.3克,并含碳水化合物及钙、磷、铁等矿物质,具有较高的食疗功效。海狗鱼自古以来就是餐桌上的名贵佳肴,适合于红烧、黄焖、扒、爆炒、煨炖等菜肴的制作,也可配以中药材烹制药膳,滋补强身。

**4．铁雀**

铁雀，又称禾花雀、黄雀，为一种候鸟。禾花雀秋季于南方越冬，每年霜降前后十多天，可大量捕获上市。我国广东每年有近5000万只禾花雀出口到港澳、南洋及东南亚地区。

禾花雀不仅是一种肉嫩、骨脆、味香可口的野味原料，而且具有保健作用，有壮阳益气之功效。禾花雀的食用大多以烧、炒、扒、焖、卤及腊见多。常见的菜肴有广东的"烤禾花雀"，四川的"五香禾花雀"等。

**5．鼠**

鼠，属于啮齿目动物。可供食用的品种有田鼠、竹鼠、鸣声鼠等。鼠主要以谷类为食，因运动量大，其体躯的肌肉发达而富有弹性，肌肉多，脂肪少，是一种高蛋白、低脂肪的肉类，并且肉质细嫩，味道鲜美，可与鸡肉相媲美。

鼠的繁殖能力很强，一年有两次繁殖时期，并且产子量大，因此，鼠肉的资源很丰富。鼠肉的营养价值丰富，尤其田鼠肉质鲜嫩味美，容易被人体消化吸收。鼠肉在烹调中多用于烧、煮、炖、卤等烹调方法，尤以广东"东莞腊鼠干"较为有名。

## 四、干菜类品种的特点及品质

**1．笋干**

笋干，采自山中新鲜竹笋，经蒸煮和烘焙晒干制成，主要产于浙江、福建、安徽、江西、湖南等南方诸省，其中以浙江产量最多，质量最好，每年春季至夏季均可加工生产。

笋干的品种常见的有乌笋干、白笋干、红笋干、石笋干和广笋干等。其中以乌笋干和白笋干产量最高。白笋干色呈黄白，乌笋干为烟黑色，有特殊的烟熏香味，可见它们的加工工艺是不同的。而红笋干则为以红壳笋加工的，笋身上有细皱纹，稍久会转变红色，不耐贮存；石笋干以石笋加工的，耐贮存，质地较嫩；广笋干以广笋加工的，质极嫩，略带草药气味。

优质的笋干质地脆嫩而清甜，富含维生素、蛋白质、生物素及多种矿物质，而且含有较多粗纤维及特殊的酶，具有帮助消化的功能。食用时，先将笋干漂洗干净，加水煮沸20分钟，再浸泡1天，然后切成丝或斜切成片，与猪肉、鸭肉或香菇等红烧，也可与肉类及其他原料等一起炒，滋味可口。

**2．紫菜**

紫菜，是采收新鲜紫菜经漂洗晒干后制成的海味干菜品。我国主要产区是山东省的青岛、烟台，福建省的宁德、莆田等地区，每年冬季是加工生产干品的主要季节。

紫菜是红藻门紫菜科的藻类植物，藻体呈紫色、褐绿色、褐黄色薄膜状，生长于浅海潮间带的岩石上。紫菜的种类较多，一般采用人工养殖，我国东南沿海主要产圆紫菜、坛紫菜、长紫菜，黄海、渤海主要产甘紫菜等。紫菜，根据采集季节和采集方法的不同，其名称和质地也有区别。冬天采集的叫"冬菜"，比较鲜嫩；春天采集的叫"春菜"，较"冬菜"为差。紫菜的采集方法，以拔菜方法采集的紫菜质纯，为上品；以"打菜"方法采集的为次品，含杂质较多。

紫菜的干品有丝状的、方片对折的、大圆片形的、小圆片形和散条状的。紫菜的品质以色泽油润发亮、深紫色、质嫩、气味鲜香、无杂质、干燥而质轻者为上品。

紫菜营养丰富，每100克含蛋白质24.7克，脂肪0.9克，糖类31.2克，无机盐30.3克。尤其含有很丰富的碘、钙、磷及维生素A和维生素$B_2$等。紫菜食用简便，价格低廉，并有海味品特有的清荤,而且菜质脆嫩爽,凉拌、煮汤皆为家常便菜,备受欢迎。

3. 海带

海带,又叫昆布、纶布、江白菜等,是人工采集新鲜海带,经加工晒制成的海味干菜品。在我国主要产区是山东省的烟台,辽宁省的大连,浙江省的舟山和福建省的莆田、宁德等地区,每年春秋两季均宜加工生产。

海带以叶宽厚,色浓黑,质干燥,无沙土,无枯黄叶者为佳品。

海带的经济价值和营养价值都很高,每百克海带含蛋白质 8.2 克,脂肪 0.1 克,糖 57 克,粗纤维 9.8 克,无机盐 12.9 克,并含有碘、甘露酸和尼克酸。尤其是含碘量居所有食物之首,有"碘的仓库"之称。海带还具有很高的医疗价值,其性味咸寒,常食海带,对预防甲状腺肿,维持甲状腺的正常功能,大有益处。海带另有降血压、降血脂等功效。

4. 银耳

银耳,又名白木耳,属于担子菌纲,银耳目、银耳科、银耳属,是一种富含胶质的珍贵食用菌。银耳原是野生菌,主要分布在四川、福建、湖北、贵州、陕西、江西、安徽、浙江、江苏、台湾、海南、云南等省,其中以四川的通江、南江、万源产量最大,以四川通江银耳和福建漳州雪耳最著名。半野生半栽培银耳是 1894 年始于四川,现在全国各地都进行人工栽培。每年 7 月上旬至 10 月下旬结耳,以 8 月上旬前后为上市旺季。

银耳其外形为菊花状或鸡冠状,质柔软,呈半透明体,有弹性。新鲜时耳基米黄色或黄褐色,子实体直径 4～10 厘米,干后收缩至原来的 1/10 至 1/20,硬而脆,遇水后能恢复原状原色。银耳每 100 克干品中含有蛋白质 76.1 克,脂肪 0.87 克,碳水化合物 48.7 克,钙 317 毫克,磷 21.74 毫克,铁 0.7 毫克以及多种维生素、丰富的胶质、有机酸、17 种氨基酸和肝糖。银耳有补肾、润肺、生津、提神、益气、健脑、嫩肤等作用。在烹调中一般选择耳身干燥,朵形盈大,体轻色乳白,胀发性好,胶质稠厚为好。

5. 木耳

木耳,又称黑木耳、黑菜,是著名的食用菌。木耳是一种腐生菌,只能生长在已经失去生命的朽木上,除了含有松脂、芳香性物质等具有杀菌成分的树木外,一般阔叶树木均适宜木耳的生长。

木耳过去野生的居多,现在我国各地均有人工培植,主要产区有湖北、湖南、四川、贵州、黑龙江、陕西、河南、甘肃等省,以湖北省产量最大,湖北的宝康、房县、南彰出产的木耳质量最好。每年 3～5 月生产的称春耳、6～8 月生产的称伏耳、9～10 月生产的称秋耳,春耳、秋耳的产量较少,以伏耳产量最高,质量最好。

木耳口味清新独特,营养丰富,含有较多的蛋白质、糖、维生素,富含铁、钙、磷等矿物质,脂肪含量低。此外,木耳含有大量胶质,有较好的吸附作用,对消化系统有良好的润滑作用,又有止血、止痛、活血、清肺的功效,因此木耳历来是保健食品和益气强身的滋补品。

在烹饪中,木耳大多数作为配料,选择木耳以色泽黑亮、身干肉厚、胀发性好、朵大质嫩、稍有白霜、无杂质、无碎渣、无霉烂者为上品。木耳适合于炝、炒、烧、炖等方法,以它为主配料的菜有"炝木耳""肉炒木耳""木耳武昌鱼"和"木耳鸡塔"等。

6. 腐竹

腐竹,也称"豆腐皮",是加工豆腐或豆浆的副产品,全国各地均有生产。腐竹一般是由豆浆经过煮沸、微火煮,从锅中挑皮、捋直、烘干而成产品。它是由豆浆中的蛋白和脂肪凝聚而成,因此具有食味香甜、营养丰富的特点。据分析腐竹含蛋白质高达 32.9%,含脂肪达 18.8%,含碳水化合物为 4.4%,还含有其他矿物质等。它是我国素食饭菜中的重要原料之一,通常与香菇、蘑菇、冬笋、肉类等炒成各种菜肴,也可与其他肉类煨成汤菜,亦荤亦素,均各相宜。

# 第三章 调味汁加工

中国烹饪注重"味","味"是烹饪的核心问题,这也是所谓的"三分艺七分汤"的烹调基本原则。调味品的选择、配制、加工是菜肴制作的关键性技术,调味汁的配方成为厨师们热衷寻访并珍藏的至宝,尤其是中国名菜调味汁的配方,常成为不外传的秘方。因此,调味汁的加工成为名菜研究的核心内容,是名菜传承和发展的关键性技术。

## 第一节 制汤技术

### 一、汤在翅、鲍、燕等菜肴中的作用

烹调技术千变万化,但始终离不开用料、用水、用味三个方面。用汤,同其他三个方面一样是烹调技术的一个重要组部分。一般来讲,作为原材料使用的汤虽不单独成菜,但高至山珍海味,低至时鲜蔬菜的烹制,无不需要与汤的配合,只不过是汤的品质、档次、种类和用量不同罢了。在有的菜肴中,汤是当之无愧的主要角色,特别是制作高档菜肴所必不可少的重要原料。

鱼翅、鲍鱼、海参、燕窝等名贵原料,大多是无味或有异味的东西,要变无味成美味,全靠汤来调味。如鱼翅发好后,还要用生姜、葱、开水去异味,还要用清汤煨几次(即套汤);再如海参,除其腥涩味当然主要凭葱、姜、黄酒之功,但要增鲜,还是要借助清汤之力,如此等等,举不胜举。其他时令鲜菜、名贵菌菇,也只有与汤同烹,才能各尽其妙。从这个意义上说,山珍海味离不开汤,在味精问世之前,菜肴的鲜味几乎都是用汤来弥补的。汤也同时与任何原料配伍成菜,起到定味、定型的作用。

### 二、上汤制作

1. 原料组配

(1) 老母鸡、猪赤肉、猪龙骨、火腿(带骨皮、去膘)、猪皮。

(2) 瑶柱、陈皮、龙眼肉、小黄豆(炒香)、胡椒粒压碎、一起装入纱布袋内扎紧、成香料袋。

2. 工艺流程

原料 ⟶ 冲洗 ⟶ 刀工成形 ⟶ 焯水 ⟶ 洗涤 ⟶ 熬制 ⟶ 滤汤 ⟶ 汤成品。具体步骤:鸡块、瘦肉、龙骨、火腿、猪皮初步熟处理 ⟶ 放入清水锅中煮沸 ⟶ 撇去浮沫 ⟶ 加入纱布袋 ⟶ 用微火煮至原料酥烂关火待冷,倒出滤汤、撇去浮油,成为上汤(高级清汤)。剩渣再加清水搅匀煮成二汤。

(1) 制汤原理(熬汤)。

熬汤:制汤原料洗涤,焯水出血污,再洗涤干净,放入水锅中加热,旺火烧沸,加入香料袋转

入小火继续加热,控制不使汤沸腾,故而可溶性物质颗粒小,基本上是单个分子均匀地分散在水中,脂肪也不形成微粒、小油滴,而是因表面张力比重关系浮于汤面,光线通过汤时无反射,表现出澄清透明的状态,俗称"高级清汤"。

(2)制汤原理(滤汤)。

烧开的鲜汤由于火腿含盐分,盐分浸出有利于清汤的稳定性。盐就是一种中性的阳离子电解质,汤中盐有一小部分水溶蛋白质就会脱稳,脱稳后由于清除了相互静电排斥,通过加热运动使它们凝聚成了较大的颗粒,对滤汤起到了积极的作用。

### 三、制汤要注意的问题

**1. 精选原料**

制汤都要用老母鸡,最好是散养 1~3 年的老母鸡。并保持各种原料绝对的新鲜,才可以吊出上等高汤。

选料是熬好鲜汤的关键。要熬好汤,必须选鲜味足、异味小、血污少、新鲜的动物原料,如老母鸡、绿头公鸭、猪瘦肉、猪肘子、猪骨、火腿、板鸭、鱼类等。这类食品含有丰富的蛋白质、琥珀酸、氨基酸、肽、核苷酸等,它们也是汤的鲜味的主要来源。

**2. 原料要新鲜**

制汤需选用鲜味足、无膻腥味的原料。新鲜并不是历来所讲究的"肉吃现杀、鱼吃跳"的时鲜。现代所讲的鲜,是指鱼、畜禽死后 2~5 小时(过尸僵期),此时鱼或禽肉的各种酶使蛋白质、脂肪等分解为氨基酸、脂肪酸等人体易于吸收的物质,不但营养最丰富,味道也最好。

**3. 正确掌握和运用火候**

制汤火候同等重要,即所用火力的大小和时间的长短是关键技术。正确掌握和运用火候,是关系到制汤是否成功的关键之一。火候要适当,熬汤的要诀是:旺火烧沸,小火慢煨,保持文火状态 8~10 小时。这样才能把原料内的蛋白质浸出物等鲜香物质尽可能地溶解出来,使熬出的汤更加鲜醇味美。只有文火才能使营养物质溶出得更多,而且汤色清澈,味美醇厚。

**4. 要保持汤的清洁**

首先要选干净的制汤用具,其次要原料清洁干净,要尽量清除制汤中血污。同时要学会储存,汤在存放时不能混入一点生水,否则次日易变质。包装好的高汤可以急冻后冷藏,可以存放半年以上,使用方便,一次可以多做备用。

**5. 炊具要选好**

熬鲜汤用不锈钢餐具效果最佳。由于不锈钢餐具有高温烧制不变色、传热均匀、散热缓慢等特点。尤其是用于熬汤时,不锈钢餐具能均衡而持久地把外界热能传递给里面的原料,而相对平衡的环境温度,又有利于水分子与食物的相互渗透,这种相互渗透的时间维持得越长,鲜香成分溢出得越多,熬出的汤的滋味就越鲜醇,原料的质地就越酥烂。

**6. 配水要合理**

水既是溶剂,又是传热的介质。水温高低和加入数量多少,对汤的营养和风味有着直接的影响。用水量一般是熬汤的主要原料总量的 3 倍,出汤率与原料总量约为 85%,大多是用冷水加热,旺火烧开,文火熬制,才能制成上等高汤。

熬汤不宜用热水,肉的表面受到高温,外层蛋白质就会马上凝固,使里层蛋白质不能充分溶解到汤里。此外,熬汤期间不能添加冷水,以免影响蛋白质的溶解,影响汤的鲜美度,而且汤色也不够清醇。

总之,制作出好的鲜汤,是使菜肴增鲜的最佳手段,是厨师们在菜肴的烹调中必不可少的鲜味来源。尤其是高档原料或菜肴的烹制必须使用高汤调味,才能使菜肴不但鲜美、醇和,而且回味无穷,这是名菜制作和创新的重要技术。

## 第二节　名菜常用酱料(汁)加工

### 一、XO酱

原料:火腿粒750克、(马友)咸鱼粒400克、开洋碎250克、碎珧柱600克(日本产)、海蜇粒(或大地鱼)600克、河虾籽100克、红指天椒1000克、红干椒100克、干葱茸750克、蒜茸500克、香茅蓉100克、油酥花生仁碎500克。

调料:清油3000克、香辣红油500克、泰国鱼露40克、海鲜酱300克、原椒酱120克、李锦记豆瓣酱100克、蒜茸辣椒酱100克、桂林辣椒酱100克。砂糖50克、鸡粉70克、味精140克、花雕酒50克。

制法:

(1)先将火腿粒、咸鱼粒、开洋粒、海蜇粒隔水蒸半小时;河虾籽加花雕蒸15分钟;碎珧柱加葱、姜、酒蒸1.5小时后趁热碾成丝;干椒粒清水泡开,沥干水分。

(2)洗干净锅,倒入干净食用油,烧至二三成油温,加入干葱茸、蒜茸,用小火熬制呈淡金黄色,捞起沥干待用(一变色即可,约30分钟)。

(3)捞出干葱茸、蒜茸后下火腿粒、咸鱼粒、开洋粒,翻炒15分钟,再下碎珧柱、红指天椒粒,翻炒30分钟,再下干椒粒、香茅茸,炒5分钟,放入虾籽炒5分钟。

(4)另起锅,加适量热油加酱料煸香,再加调料炒匀,倒入炒制锅内炒匀,关火下干葱、蒜茸、撒上酥花生仁碎,离火加红油并炒匀,自然冷却即可。

XO酱鲜中带辣、醇厚绵长。该酱料用途广泛,适合炒蔬菜与肉类。常见菜肴有XO酱炒虾仁、XO酱炒蔬菜等。它是粤菜中的经典酱料。

小贴士:

(1)珧柱是这道酱料的主材料,但是不需用整粒的珧柱制作,用碎珧柱最经济划算,以色泽金黄、外表光润、大小适中的碎珧柱最为实用。

(2)珧柱蒸好去蒂可以撕成丝后直接炒;也可切碎后炒,不但可增加分量,并且较容易与配料融合。

(3)装罐保存的XO酱一定要让油没过酱料,以免酱料太干;每次夹取时要用干净的筷子或汤匙,不要沾到生水,密封可保存1个月之久。

(4)如果能买到马友牌的咸鱼最好;火腿要先煮过一次,去除多余的咸味再切碎,否则不但咸,还会有腥味。

### 二、咖喱

1. 泰国咖喱

(1)青咖喱。

原料:蒜茸 50 克、洋葱粒 50 克、干葱粒 25 克、青小鸟辣椒 100 克、桂皮 2 片、柠檬草 3 段、良姜 5 克、柠檬 4～6 片、柠檬叶 3 片。

制法:将柠檬草、良姜、桂皮、柠檬片、柠檬叶用食品料理机碎成粉末、青小鸟辣椒成泥状。将洋葱粒、干葱粒、蒜茸用黄油煸香后加青小鸟辣椒泥煸炒片刻,加入椰浆、香料粉煮滚后待凉,装入器皿中即成(配菜时加罗勒叶)。青咖喱与鸡肉是最好的搭配,同时青咖喱也是蔬菜的好搭档。

(2)红咖喱。

原料:蒜茸 50 克、洋葱粒 50 克、干葱粒 25 克、红小鸟辣椒 100 克、桂皮 2 片、柠檬草 3 段、良姜 5 克、柠檬 4～6 片、柠檬叶 3 片。

制法:将柠檬草、良姜、桂皮、柠檬片、柠檬叶用食品料理机碎成粉末、红小鸟辣椒成泥状。将洋葱粒、干葱粒、蒜茸用黄油煸香后加红小鸟辣椒泥煸炒片刻,加入椰浆,香料粉煮滚后待凉,装入器皿中即成(配菜时加罗勒叶)。红咖喱则与猪肉等红肉搭配尤佳,这一点跟中餐烧红肉时使用辣椒来调味很相似。

(3)黄咖喱。

原料:洋葱粒 50 克、生姜末 50 克、蒜茸 50 克、香茅草 35 克、香茅粉 20 克、柠檬叶 2～3 片、香兰叶 2～3 片、芭蕉叶 10 克、香蕉油 20 克、椰浆 2 听、三花淡奶 4 听、(泰国顶上)黄咖喱 50 克、姜黄粉 10 克、虾酱 35 克、小鸟辣椒 100 克。

制法:用香蕉油拌匀香茅粉。净锅内加清油少许,烧热加香茅草段,炒香后去渣,再放入黄油少许,加入洋葱、生姜、蒜茸、小鸟辣椒煸香。倒入椰浆,花奶;加入柠檬叶、香兰叶、芭蕉叶、黄咖喱、姜黄粉、虾酱。汁液浓稠,色泽暗黄,咖喱味浓郁,余味长存。香味浓厚的黄咖喱与海鲜的搭配,具有很好的去腥效果,所以咖喱蟹、咖喱虾常用黄咖喱烹制。

2.印度咖喱

原料:生姜碎 40 克(2 把)、蒜头 40 克(2 把)、净水 40 克、番茄 6～7 只(约 1000 克)、洋葱 1 只(约 350 克)、丁香 7～8 粒、肉豆蔻 15～16 粒、冠衣小豆蔻(肉豆蔻衣)2 茶匙、胡荽籽 1 茶匙、芥末籽 1 茶匙、黄姜粉 35 克、辣椒粉 100 克、孜然粉 2 茶匙、糖 5～6 茶匙、盐 2 茶匙、胡椒粉 1 茶匙、鸡粉 2 茶匙。

制法:生姜、蒜头、清水按 1∶1∶1 的比例,用搅拌机打成泥;番茄 4 个,切成块,其中 2 只番茄用搅拌机打成泥;把香料都打成粉末状。取干净锅,内加入黄油少许,下洋葱丝煸香后,待呈金黄色时加番茄块同炒倒出。重起锅加黄油少许,加姜、蒜泥炒香,加入黄姜粉(黄姜粉要用清油调匀)、辣椒粉,小火慢炒 5～6 分钟,加香料粉、盐、胡椒粉,再加番茄泥略炒,再加炒过的洋葱和番茄块,加孜然粉、鸡粉,最后放糖再炒 10 分钟,装入器皿中即成。

3.港式咖喱

原料:咖喱粉 175 克、姜黄粉 87.5 克、红椒粉 21 克、指天椒粉 7 克、罗白粉 35 克、砂仁粉 17.5 克、香茅粉 140 克、香芹粉 35 克、石律碎 140 克、虾米茸 280 克、盐、糖、味精各 210 克、淡奶、椰浆各 15 听、干葱茸 750 克、蒜茸 420 克、香茅草段 200 克(毛重 500 克)。

制法:取干净锅倒入清油,烧至二三成热,加入干葱茸、蒜茸熬制淡金黄色捞起沥干待用(一变色即可)。将咖喱粉、姜黄粉、红椒粉、指天椒粉用淡奶调匀;将罗白粉、砂仁粉、香芹粉、香茅粉用椰浆调匀;后将淡奶、椰浆各 14 听连听蒸 3 分钟。另起锅加黄油 150～200 克烧热,加香茅草段炒香后去渣,再下石律碎炒香,再下虾米茸炒香,后加入已调好的咖喱粉等料,再加入用椰浆调好的香料粉,煮开随后调味,慢慢冲入已加热的椰浆与淡奶,烧开打匀即成。

4. 澳门咖喱酱(葡汁)

原料:黄油1汤匙、洋葱条1个、咖喱粉1茶匙、面粉3汤匙、椰糠1汤匙。

汁料:鸡汤500毫升、糖1汤匙、盐1茶匙、椰汁250毫升、淡奶120毫升。

制法:先用中火热锅,加入黄油炒溶,再放入洋葱炒香,加入面粉、椰糠、咖喱粉炒香。分几次慢慢加入鸡汤,不停拌炒。待煮至汤汁变浓稠时,再分多次加入椰汁与淡奶。待煮至汤汁更为浓稠,关火,放凉。装入器皿,存放冰箱备用。

5. 日式咖喱酱

原料:苹果1个(削皮去芯切丁)、水100毫升;黄油2汤匙、红萝卜丁1/3支、西芹丁1支、洋葱碎1个、香叶1片;白葡萄酒1汤匙;面粉2茶匙、红椒粉1/2茶匙、咖喱粉2汤匙;鸡汤500毫升、淡奶10毫升;香蕉丁1/2条;黑胡椒粗粉、糖、盐各适量。

制法:将苹果1个(削皮去芯切丁)、水100毫升同放搅拌机内,打成苹果泥备用。热锅,以小火炒香黄油、红萝卜丁、西芹丁、洋葱碎、香叶等;加入白葡萄酒、面粉、红椒粉、咖喱粉,煮至香味溢出。再加入鸡汤500毫升、淡奶10毫升,拌炒约2分钟。再加香蕉丁煮约8分钟。最后加入苹果泥以黑胡椒粗粉、糖、盐调味即成。

日式咖喱一般不太辣,因为加入了浓缩果泥,所以甜味较重。虽然日式咖喱又称欧风咖喱,事实上还是由日本人所发明的。之所以称欧风咖喱,是因为其所用的稠化物为法式料理常用的奶油炒面糊(roux),多用来制作浓汤,而且香料取材也多倾向南印度风格。欧风咖喱虽然较为浓醇,但与印度料理比较起来,香料味还是明显不及。咖喱除了可以拌饭外,还可以作为拉面和乌龙面等汤面类的汤底,这与其他地方的咖喱有着较大区别,如北海道札幌地区的汤咖喱。

6. 泰国红咖喱酱

原料:干红辣椒、大蒜、柠檬草、盐、胡椒、虾米茸、香葱、良姜、青柠叶。

制法:先将1杯(200克)的椰奶与50克的红咖喱酱搅拌;再加入1杯椰奶并加热至沸腾;加入200克肉,继续煮;待肉煮熟后,加入100~150克蔬菜和100克水,煮至蔬菜熟软;调味前请先尝味是否淡或重。若想要适中的口味,建议使用一半红咖喱酱的量即可。

7. 印尼风味咖喱酱

原料:洋葱1/4颗、姜1小块、蒜头2颗;花生酱2大匙、黄姜粉1/2小匙、咖喱粉2大匙、胡荽粉1/2小匙。

制法:(1) 将洋葱、姜、蒜头等原料用粉碎机打碎,再加入花生酱、黄姜粉、咖喱粉、胡荽粉,继续打至光滑细腻。

(2) 使用时炒香即可。

## 三、豉油

1. 豉油皇

原料:美极鲜酱油150克、冰糖150克、味精200克、鸡精100克(佛手牌)、味鲜王100克、(李锦记)生抽1200克、鸡汤(蒸)4200克、香菜头250克、干红椒3~4个、胡椒粉10克。

制法:鸡汤加入干红椒滚煮片刻,捞出剔渣,加入上述材料,烧滚,起锅前撒上少许胡椒粉。

2. 蒸鱼豉油(1)

原料:(李锦记)老抽125克、(李锦记)生抽375克、泰国鱼露250克、美极鲜酱油200克、

（日产龟甲万）酱油 1.6 升/1 瓶、白砂糖 600 克、净水 2000 克。

制法:烧滚,糖化,即成(夏天净水 2500 克较为合适。)

3. 蒸鱼豉油(2)

原料:清水 4000 克、泰国鱼露 420 克、(李锦记)生抽 70 克、美极鲜酱油 210 克、冰糖 280 克、味精 300 克。

制法:烧滚即成。

## 四、其他酱汁

1. 炼老抽

原料:(李锦记)老抽 500ml/1 瓶、清水 500 克、冰片糖 2/3 块、藏红花汁适量(或胭脂红色素 1/3 平茶匙)。

制法:烧滚即成。

2. 复制酱油(凉拌用)

原料:黄豆酱油 500 克、冰片糖 70 克、清水 200 克、葱结 5 克、姜片 5 克;肉豆蔻 6~8 粒、沙姜(山奈)2 片、草菇 1 棵(拍碎)、香叶 2 张、八角 1 粒、桂皮 1 片。

制法:烧滚即成。

3. 糖醋汁

原料:上海白醋 5 瓶、浙醋 175 克、白砂糖 1000 克、冰片糖 1250 克、番茄酱 500 克、(新的)青柠汁 140 克、梅子 70 克、(进口)柠檬 1 只、精盐 12 克、(李派林)喼汁 140 克、藏红花汁适量(或色素少许:胭脂红加日落黄)。

制法:烧滚即成。

4. 糟卤

原料:冠生园白糟泥 1 包、枫泾加饭酒 3 瓶、5 年陈花雕 2 瓶、盐 9 克、青苹果 2 个、花椒 5 克、香叶 4~5 片、八角 2~3 个、甘草 10 克、桂皮 2~3 片。

制法:(1) 先将糟泥与酒拌匀,加入香料调料,苹果切片,与其他材料一起拌匀装入器皿封上保鲜膜,上笼蒸 20 分钟。

(2) 将蒸熟的糟泥汁装入布袋悬空沥汁(一夜),即成。

5. 美极酱

原料:蒜茸、姜茸、干葱茸各 100 克、美极鲜酱油 1500 克、(海天)柱候酱 4000 克、(海天)海鲜酱 2500 克、南乳 250 克、腐乳 500 克、小罐花生酱 4 支、冰糖 1250 克、面豉酱 2 支、沙茶酱 2 支、味精 250 克、苹果皮水 1000 克、花雕酒 2 瓶、五香粉,胡椒粉适量,麻油 50 克。

制法:(1) 净锅加清油少许炸香干葱蒜茸,沥干待用。

(2) 将其他原料拌匀,麻油除外。

(3) 锅内加入少量清油将姜茸煸至金黄色,倒入拌匀的材料,小火炒 25~30 分钟,保持搅动随时加油,至成熟,导入器皿内用麻油封面。

特点:酱香味浓,咸鲜回甜,适用于烧、扒、焖、煲仔类菜肴。

6. 三味油(京帮)

原料:猪油 1 勺、鸡油 1/3 勺、麻油 1/3 勺、按 3:1:1 比例。京葱(手指粗剞花刀)2 根、姜片 25 克、花椒 10 克、香葱白、葱段各 125 克、香菜 3 棵。

制法：（1）先放 3 种油。

（2）油温三成热，投入京葱段，小火慢炸至金黄色。

（3）投入葱白、葱青段再加入姜片片刻。

（4）最后放入香菜梗、花椒。

7．黑椒汁（西）

原料：洋葱粒 1/4 只、蒜茸 1 匙、番茄酱 75 克/1 罐、黑椒碎 2 匙、橄榄油 1 手勺（约 200 克）、牛尾汤 750 克、鲜奶油 1/8 罐、低筋面粉 2 把（约 45 克）、盐适量、鸡精 35 克。

制法：（1）先将蒜茸、洋葱煸香，再加番茄酱，煸出红油（离火）。

（2）加面粉 2 把，炒匀再加牛尾汤、盐、鸡精搅拌。

（3）放入黑椒碎、鲜奶油至呈深粉红色即成。

8．黑椒汁（中）

原料：蒜茸、洋葱粒各 50 克、牛汤 7300 克、黑椒碎 105 克、黑椒粉 52.3 克、（李锦记）老抽 1/3 瓶、蚝油 1/4 支、白砂糖 140 克、味精 85 克、鸡精 35 克、面捞 500 克、橄榄油 1 手勺、炸干葱茸 150 克、黄油 420 克、鲜奶油 1/2 罐。

制法：（1）用少许色拉油加黑椒碎、粉炒至起香。加牛肉汤、一半黄油；烧滚后加入糖、鸡精、味精。

（2）以上调料慢慢地倒入面粉，搅拌至糊状，防止结团，加入老抽、蚝油，再加入另一半黄油、鲜奶油，一起打匀。

（3）分装小盒即成，待冷却后放入冰箱保存。

9．香辣酱（烧蟹专用）

原料：香辣红油 750 克、菜油 750 克、（自熬）牛油 500 克、郫县豆瓣酱 1500 克、（湖南）香辣酱 1 瓶、（六味金）泡椒 1500 克、香料粉 300 克（八角 500 克、桂皮 200 克、草菓 300 克、孜然 400 克、灵草 500 克、小茴香 350 克、花椒 500 克、陈皮 300 克、藿香 300 克、红豆蔻 200 克、白豆蔻 300 克、丁香 100 克、沙姜 400 克、香料粉与牛油 5:1、虾米干末 175 克、生姜汁 1 码斗（约 300 克）、葱白末、姜末、蒜泥各 150 克。

制法：（1）豆瓣酱与挤过水的泡椒用粉碎机打细。

（2）取干净锅加菜油，烧热后加入葱、姜、蒜、虾米碎，小火慢炒 10 分钟。

（3）加豆瓣泡椒碎炒 15 分钟。

（4）加入香料粉再炒 15 分钟即成。

10．香辣红油

原料：菜油 2500 克、辣椒碎（粉）600 克、开口大红袍 50 克、鲜青花椒 25 克、整葱、姜片、拍蒜各一把、盐 30 克、去衣芝麻 50 克、炸花生碎 75 克。香料粉，豆蔻 25 克、香茅 25 克、八角 62.5 克、桂皮 25 克、香叶 25 克、草菓 62.5 克、小茴香 25 克、山奈 25 克、丁香 12～15 粒。

制法：（1）将辣椒粉与香料粉用清水调和成糊状，放入不锈钢盆内，加盐、芝麻、花生碎。

（2）取锅，先加入菜籽油，凉油时把葱、姜、蒜一起加入锅内，置小火上炸香捞出。

（3）然后大火把油烧开烧透，让菜籽油的味道散发出来。然后关火待油温降至六成热时，加入香油、大红袍干花椒、新鲜花椒炸香捞出。

（4）将滚油倒入不锈钢盆内，并用手勺不断搅拌，至不烫手为止。

# 第四章　热菜的烹调方法

烹调方法就是把经过初步加工和切配成形的原料,通过加热和调味,制成多种风味菜肴的操作方法。在中国菜的烹饪方法中,基本可分为:烧、炖、炸、熘、爆、烹、煎、烤、塌、烩、焖、蒸等方法。热菜的要求是"热食",保持一定温度,才能更好地显示菜肴的风味。如果放置时间过长,菜肴温度降低,失去热气,不但会失去菜肴特有的香味,而且会色泽暗淡,形质逊色。所以各种烹饪方法火候的强弱、用油的多少、下料的先后、调味的时机以及操作手法的快慢,使中国菜肴,尤其是中国名菜烹调技术更为讲究。热菜烹调方法重点介绍以油为加热体的烹调方法、以水为加热体的烹调方法、以蒸汽和干热空气为加热体的烹调方法以及地方菜肴制作特有的烹调方法等内容。

## 第一节　以油为加热体的烹调方法

油能传递很高的温度,燃点一般多在 300℃左右,适合烹饪的最高温度一般为 220℃～240℃左右,由于它的温度是水沸点的两倍多,因此,在充当导热体时,能使原料快速成熟。在传热时它又具有排水性,能使原料表面的蛋白质快速凝固变脆。如以 150℃左右的油温进行烹饪,它又能使原料的成品具有滑嫩的质感。以油为介质的烹饪方法,具有一定的保原性,保持原料原有风味和香脆质感,不同的油温会产生不同的风味和质感。常用的烹调方法主要有炸、熘、爆、烹、煎、贴、塌等。

### 一、炸

炸的烹调方法特点是用油量大,大部分是要经过中高油温加热,成品菜肴具有香、酥、脆、嫩、松等特点。油与原料之比在 4∶1 以上,炸制时原料全部浸在油中。油温高低要根据原料而定,并非始终用旺火热油,但一般都必须经过中高油温加热阶段,达到炸的质感要求。操作一般分三个步骤:第一步骤加热提升油温,达到使原料定型的目的;第二步骤降低油温,原料浸入油中,时间较长,达到使原料成熟的目的;第三步骤复炸,则用更高油温,相对少量分批炸,达到使原料外表快速脱水起脆上色的目的。炸菜从油锅中捞出即为成品,一般配以蘸酱、汁或粉调味即可。

根据原料预处理是否挂糊,将炸分为清炸和挂糊类炸两大类。

（一）清炸

清炸是指原料经调味后,不挂糊、不上浆,直接放入高温热油中加热成菜的一种烹调方法。清炸菜的特点是本味浓,外脆里嫩,耐咀嚼。但清炸菜的脆嫩度不及挂糊炸的菜肴。并且因在炸制过程中,原料脱水较多,浓缩了原料的本味,又使纤维组织较为紧密,加上它的干香味,使菜肴具有一种特殊的风味。

此外,还有一种特殊类型的清炸,即原料经蒸酥或煮酥预热处理,然后再炸脆外表,如名菜"香酥鸭",成菜具有表层香脆、里边酥嫩的特点。

### 1. 清炸的操作程序

原料调味(或经蒸、煮至酥)——入大油量热油锅中炸——至原料成熟(或外表香脆)即出锅装盘——常配以蘸食的佐料上席。

### 2. 清炸的操作要求

清炸原料因为没有挂糊或上浆,直接与热油接触,因而水分极易大量流失,因此,在操作时既要保证原料成熟,使原料表面略带脆性,又要尽可能减少水分的流失,在选择原料、控制油温和火候等方面提出了很高的要求。

清炸菜的原料一般分为两种类型。一种是本身具有脆嫩质地的生料,如:猪肾、鸡肫。生料在刀工处理时一定要大小厚薄一致,因清炸加热的时间不长,大小厚薄稍有不均便可导致生熟不一。原料一般都在炸前调味,生料调味一定要调拌均匀,并最好能静置一定时间,使其入味。清炸的调料一般较简单,以咸鲜味为主。常用的调料有盐、酱油、黄酒、胡椒粉、葱、姜汁、味精等。

用于蒸、煮至酥烂后炸的原料,如:鸡、鸭等,一般于酥熟料在蒸、煮前已调味。

油温和火候掌握是清炸烹调方法的关键。在油温方面,为了达到相对恒定的热油温度,要求油锅要大,油量足,温度高,才能使原料表层迅速结皮起脆,防止内部水分大量流失。清炸几乎都用旺火急炸。原料形体较小,质感又较嫩的,应在八成左右油温下锅,下锅后即用手勺搅散,防止粘连在一起,约炸至六七成熟时捞出,继续加热待油温上升后再炸几秒钟,至成熟、起脆、上色后即可捞出装盆。形体较大的原料,要在六七成左右油温下锅,让原料在锅中多停留一些时间,待基本成熟捞出,继续加热升温再复炸一下。原料较多,应分批下锅,控制油温,否则达不到效果。

酥熟的原料在油炸时,不但油量要大,且油温要更高,可在油温达到八九成热时下料。酥熟的原料因含水量较大,个体也较大,常导致油温急速下降,可经多次捞出原料,继续加热升温,待油温上升后反复炸制,才能达到烹调效果。清炸菜的颜色一般为金红色或棕褐色,代表菜有炸菊花肫、炸八块、香酥鸭等。

### (二) 挂糊类炸

经调味的原料裹附上由淀粉、蛋液等原料调制的糊浆后入高温热油中加热,成品菜肴具有外脆里嫩、色泽金黄(也有个别的外松软里鲜嫩、色泽米黄)的一种烹调方法称挂糊类炸。

### 1. 糊类炸的操作程序

原料经调味后挂糊或包裹纸状料——入油锅炸至基本成熟捞出——升高油温复炸至外脆里嫩或外软里熟——出锅装盘。

### 2. 挂糊类炸的种类

一般把挂糊类炸分为脆炸、酥炸、松炸、软炸、纸包炸等五种。

(1) 脆炸。脆炸是原料经调味、挂糊,烹制过程必须经过高温加热阶段,成菜外脆里嫩的一种烹调方法。

大多数脆炸菜肴须经两次加热，第一次以中高油温加热，使原料定型、成熟（或接近成熟）；第二次以高油温短时间使原料表层脱水变脆。也有些脆炸菜肴直接以高油温一次炸成。为达到同时成熟的要求，原料在刀工处理上必须保持加工大小一致、厚薄均匀的要求。

脆炸的特点：外脆里嫩，即外表糊壳香脆，里鲜嫩。这与原料选择具有密切关系，一般选择含水分多、质地软嫩、口感鲜美的动物性原料，如鸡、鱼、肉、虾等；或水分较多、鲜味较好的植物性原料，如蘑菇、香菇等，经挂糊后炸制成糊壳，脱水变脆。并且因糊阻隔了油与原料的直接接触，减少了原料的水分和营养成分的流失，保证了菜肴的鲜嫩，提高了菜肴风味。

炸制菜肴的脆性和脆度，由所挂糊种类和油温所决定。脆炸所用的糊大致有水粉糊、全蛋糊、蛋黄糊、发粉糊、拖蛋拍粉糊几种。以下对这几种脆炸糊作简要的介绍。

**用水粉糊的脆炸** 又称干炸，原料一般加工成块状，生料调味后直接加淀粉拌和挂糊，经炸制后的成品外壳脆硬，干香味浓。

水粉糊的操作关键：

原料表面不可过分湿润，由于淀粉黏性较差，挂糊时糊浆很难达到厚薄均匀，而使成品的色泽深浅不一。因此，上糊时可用干毛巾吸去表面水分后再加粉拌匀。有些含水分较多的原料，也可采取拍干淀粉的办法，即将调好味的原料放在粉堆里，使之周身滚黏上一层淀粉。拍干淀粉的原料入油锅时，要抖去未黏附牢的粉粒，以减少淀粉在油锅中焦化，影响油色、菜肴色泽和口味等。

挂水粉糊油炸时，为使糊浆快速凝固，油温要略高一点，第一次即以六七成油温炸，待原料基本成熟，再用八成以上油温复炸一次，至成品外壳金黄起脆时即可捞出。挂水粉糊脆炸常见的代表菜有干炸里脊、干炸鸡翅等。

**挂全蛋糊和挂蛋黄糊的脆炸** 经调味原料挂上淀粉拌和全蛋或蛋黄的糊，经炸制后的菜品色泽金黄，糊层酥松，香味浓郁。

挂蛋糊方法一般有两种。一种为直接挂糊方法，依次加佐料、蛋、粉，搅拌均匀；另一种为预制糊浆方法，先把原料调好味，另取盛器，将蛋与粉调拌成糊浆，待烹制时再与原料相拌，或将糊浇在包卷成形的原料上。

因为淀粉在受热前，吸水性能很差，因此调糊或搅糊过程中要注意加水量。一般情况下，调味中的葱姜汁、酒、蛋中所含的水及原料表面的水已足以调成厚薄适度的糊，因此不必加水；原料多时，可稍多加一些水，但应少量多次加入，防止过量。蛋粉糊涨性较好，成品膨大饱满，所以原料应加工得略小一些。挂全蛋糊和挂蛋黄糊的脆炸常见的代表菜有桂花肉、卷筒黄鱼等。

**挂泡打糊的脆炸** 又称脆炸，粉糊由面粉、生粉、泡打粉等原料调成，原料必须选择鲜嫩无骨的动物性原料，加工后原料形体不宜过大。原料先调味，然后挂调制好的糊再炸制。成品糊壳膨胀饱满，松软而略脆。

泡打糊调制关键：第一，要掌握好泡打糊的稠度，以能挂住原料、略有下滴状为好。过薄和过厚都会影响糊的涨发，又不易使糊浆均匀地裹上原料；第二，要多搅拌均匀，但不能搅上劲。面粉加水后，如果使劲搅拌，其中的蛋白质会形成面筋网络（即"上劲"），糊浆就很难均匀地挂上原料；搅拌过少，又会影响成品的丰满；第三，泡打粉应最后放入。干的泡打粉遇湿面粉即产生二氧化碳气体，如果投入过早，烹制时气体已外逸，成品便达不到膨胀饱满的要求。如再补加泡打粉，则因量多而味涩苦，影响成品的口味；第四，挂泡打糊的炸菜烹制时，先选用中油温，以中小火加热，令糊浆结壳、定型，并使原料基本成熟；随后再用较高油温复炸一下。挂泡打糊的脆炸常见的代表菜有脆皮鱼条、脆皮凤尾虾等。

**拖蛋液黏粉粒的脆炸**　原料浸蛋液后黏裹面包粉粒、芝麻、松仁、杏仁等物质再炸制。

在操作时必须注意一些关键，即：其颗粒大小要尽量一致，否则极易出现焦脆不一的现象。原料浸蛋液再黏上粉粒等后，要用手轻轻按一下，以防油炸时散落锅中。为使蛋液均匀地附于原料表面，大多数原料调味后要先拍上干面粉。烹制时，油温应介于温油锅与热油锅之间，一般不宜过高，否则粉粒状料易焦化。拖蛋液黏粉粒的脆炸常见的代表菜有炸猪排、芝麻鱼排等。

**涂糖稀的脆炸**　糖稀，是麦芽糖的稀释物。这种脆炸利用的是糖稀易于脱水，炸后色泽金红光亮的特点。一般是将糖稀直接涂在原料的表皮，晾干后炸制。这样能使原料表皮脆硬，回软较慢。操作时，麦芽糖要和水、黄酒或大红浙醋等原料调和成浓稠度适宜的糖稀。原料应先晾干或擦干水分，再将糖稀用刷子涂刷、或用浇淋方法，也可以将原料放入糖稀中浸一下捞出。原料如果形体较大，要先用低油温，小火"焐"熟，然后以旺火高油温脆炸。涂糖稀的脆炸常见的代表菜有脆皮鸡、脆皮乳鸽等。

**以豆腐衣等纸状料卷裹原料的脆炸**　又称卷包炸，纸状料外一般不再挂糊。这些纸状料较易炸脆，且与包裹的原料结合得并不紧密，所以脆度特别好。纸状料通常是豆腐衣、米糊纸、春卷皮子等。原料要加工得细、小、薄，包卷要紧实，形状均匀小巧，油炸时油温可以高一些。以豆腐衣等纸状料卷裹原料的脆炸常见的代表菜有炸响铃、春卷等。

（2）酥炸。将成熟酥烂的原料挂上粉糊炸制的烹调方法。经酥炸的成品表层酥松，内部鲜嫩或酥嫩；此外还有不挂糊的酥炸。

酥炸的关键在于粉糊的调制和油温的掌握。一种以全蛋、面粉加油调制的糊，炸后脆硬中带有酥松。油与粉糊调和，使面粉中的蛋白质不能形成面筋网络。加热时面粉中的淀粉糊化迅速脱水变脆，同时面粉颗粒为油脂包围，形成空隙，脱水之后，这些空隙固定下来便形成了酥脆的质感。酥糊一般较厚，挂时要注意均匀包裹；原料的形体也不宜太大，一般以条、块状为宜；配合糊壳特色，原料还应该是酥烂或外脆里嫩无骨。

酥炸挂糊操作比一般脆炸菜慢，故原料下锅时，油温不宜太高，目的是保持色泽统一，成熟度一致。操作中可先将原料逐个下锅，结壳后即捞出，待全部原料下锅结壳后，再升高油温，复炸至外表色泽金黄酥脆，原料内部成熟即可出锅。酥炸常见的代表菜有奶油酥皮鸡、椒盐蹄膀等。不挂糊的酥炸，如香酥鸭。

（3）松炸。松炸，是将鲜嫩柔软的原料挂蛋泡糊，在低油温的大油锅中慢慢加热成熟，成品外表洁白膨松绵软，内部鲜嫩柔软的一种烹调方法。蛋泡糊是用鸡蛋清抽打成无数细小气泡堆积起来并加干淀粉调成的。加热后，气泡中气体膨胀，也使糊壳膨胀起来。由于低油温，保持蛋清的洁白色泽或略带米黄色。外表脱水不严重，成品松软不脆。油炸过程中部分油脂渗入蛋泡的空洞中，增加了菜肴的香味。

松炸菜以"松"为最大特点。因此，原料选择特别强调质地鲜嫩或软烂，颜色浅淡，常用的原料有鱼条、鸡条、明虾等。特别强调的是原料加工形体必须保持大小一致。原料加热时间不同，成菜色泽也不同。

蛋泡糊抽打起来后，加淀粉和面粉是关键。淀粉过多势必影响成菜质感变硬；淀粉太少，又会使蛋泡缺少支撑；面粉过多，菜肴易回软，使菜肴难以成形。蛋泡加粉后不宜多搅拌，调匀即好,并应及时炸制,否则会使气泡逸出而达不到松软的品质要求。

松炸的油锅要大,油与原料之比达到5∶1左右,宽阔的油面能避免原料相互接触、黏住糊壳。油温一般掌握在三四成左右,下锅时甚至可更低些,一般以中火或小火慢慢加热,原料浮在油面,结壳前不能多加拨动。生料已熟、熟料已热时,即可出锅装盆,快速上桌。

松炸菜从油锅出来即成菜,没有另外的调味过程,故调味料需在加热前一次调准。除原料为甜品外,咸鲜味的品种应注意调味偏淡一些,以服从洁白、松软、清淡的总体特点。松炸常见的代表菜有松炸鱼条、高丽豆沙等。

(4)软炸。软炸,是将质嫩、形小的无皮无骨原料,挂上蛋清糊(或全蛋糊),投入中等油量的温油中炸制成菜的一种烹调方法。

蛋清糊一般是用鸡蛋清加入面粉(或淀粉)调制而成的,蛋清内含有较多的蛋白质。一般来说,在高油温中,加热时间越长,蛋白质凝固变化得越快,蛋清质地变得越硬;以中油温、较短时间加热,其凝固变化的程度则较小,蛋清质地较软,软炸即是利用这一特性。

挂蛋清糊的菜肴,根据品种的需要,有的要在糊中加入少量发酵粉,以使成品外表更松软。但须注意的是加发酵粉的蛋清糊所使用的粉必须是面粉,因为发酵粉只能在具有面筋质网的情况下才起作用(同时加入适量清水)。

制作软炸菜时,油温不宜过高或过低,温度过高易炸焦、外表变老;油温过低会使糊浆脱落。一般掌握在五成热下料,炸至外表结壳、原料断生,用漏勺捞起,然后油温升到七成热左右,再投入原料复炸即可,时间极短。软炸制品,外香软、里鲜嫩,呈淡黄色。

软炸菜的原料,在刀工成形后,放入调味品拌和浸渍入味,然后挂糊入油锅炸制。成品装盘后一般可跟随番茄沙司、椒盐或其他蘸食调味品同时上席。软炸常见的代表菜有软炸口蘑、软炸腰片等。

(5)纸包炸。纸包炸,是鲜嫩无骨的原料调味后包上玻璃纸或糯米纸,在低油温大油锅中加热成熟的一种烹调方法。经纸包炸后的成品外观漂亮,内质鲜嫩。原料以纸包裹,加热后,原汁原味基本不受损失,玻璃纸实际上起到了"挂糊"的作用。以纸包料,整齐划一,纸包中的原料透明可见,玻璃纸表面又有一层油光,引人食欲。

掌握纸包炸的烹调要领还须注意以下几个方面:

第一,原料必须是鲜嫩无骨无皮且以动物性原料为主,又以鲜味好,质感细嫩腥味少的鸡片、虾片、里脊片、鱼片等使用较多;植物性原料中鲜香味好的香菇、蘑菇有时被用作配料;其他除颜色点缀外,一般较少使用。原料的刀工应处理成薄片,配料尤其不能厚,且数量要少。

第二,原料的调味要清淡。纸包以后,原料的水分不外溢,外边也没有东西渗透进来,如按常规调味,口味可能偏重。味型以鲜咸为主,常用盐、酒、味精、糖、酱油、蚝油、生蒜丝、葱丝、胡椒粉、辣油、麻油等调料,其中麻油使用得较多,以使成菜打开纸包时,香味突出。调味之后,原料不能太湿,因水分过多不易包纸;也不能太干,否则缺少汁液,影响口味。一般以比较湿润,包完原料,碗中基本没有余汁为好。

第三,包料的纸一般裁成12～15厘米见方,原料摊平,放于纸之一角,然后包折起来。玻璃纸一定要完整无缺。包好后大部分为长方包,薄片状,也有像包糖果一样的包法。既要包得严实,不使原料中调味汁溢出,又要便于食用者解开纸包。糯米纸只要包严实即行。

最后,要强调低温操作。如油温过高,便可能使包内水汽蒸发,体积膨胀,纸包破散。投料下锅时手法要轻,防止散包。有一种办法是:先将所有纸包排放锅中,再沿锅壁注入冷油,然后锅置火上加热,随着油温逐渐升高,见纸包透明,里面原料一变色即可捞出装盘。加热切不可过度,否则包内的原料就会变老。装盘之前,沥去滞留在纸包缝隙里的油。纸包炸常见的代表菜较为著名的菜肴有纸包鸡、纸包明虾等。

## 二、熘

熘的烹调方法是将成熟后的原料包裹或浇淋较多卤汁(即时烹制而成的)的方法。常用于熘的预热处理原料使其成熟的基本烹调方法有炸、蒸、煮、滑油等。熘所用卤汁较宽,口味特殊,往往是两三种以上的烹调技法综合烹制而成。

熘的操作程序:原料以炸、煮、蒸、滑油等烹制成熟——另起锅调配调味汁——勾芡后或翻包上原料、或浇淋于原料身上——出锅装盘。熘常见的有炸熘、蒸煮熘(软熘)和滑熘等几种。

### (一)炸熘

炸熘,也称脆熘或焦熘,是指原料经高油温炸脆之后,浇淋或裹上特殊风味卤汁的烹调方法。脆熘注重菜肴外脆里嫩的口感,要使卤汁的美味被表层所吸收,又不使脆硬的外表潮软。

炸熘的操作过程分两步:先炸,再调烹卤汁并浇淋或包裹于炸脆的原料之上。炸,虽要求将原料炸脆,但与脆炸又有些差异,主要是要求外表脆度能维持一定的时间。所以脆熘菜绝大部分需要挂糊,并且一定要以淀粉为主,不能添加面粉否则容易回软。脆熘菜卤汁的调制有两种方法:一种是在锅内调好后勾芡,倒入炸好的小型原料翻拌即可。如咕噜肉;另一种是调好卤汁直接浇在炸好的大型或有造型的原料上。如松鼠桂鱼。卤汁勾芡后都必须加入沸油推匀,使油与卤汁混为一体,以延缓水分对原料的渗透。但注意包裹上去的卤汁,推入的油不可太多,以免使卤汁泄掉,一般下油后推搅几下至不见油时即可下料翻拌。

传统浇淋卤汁的方法,推入的油要多一些,勾芡也厚一些,分几次推入沸油。浇入沸油后要推打均匀,至不见油时再加,到油泡翻滚时即可将卤汁浇淋原料上。这种卤汁浇到原料上后,油泡仍翻滚不已,饮食业中称为"活汁"。现在,脆炸卤汁用油较少。

卤汁的调制与油炸原料至脆必须同时完成,达到原料与卤汁接触时有声响或有油泡翻起的要求。炸熘常见的代表菜有咕噜肉、焦熘肥肠、糖醋黄鱼、松鼠桂鱼等。

### (二)软熘(蒸、煮熘)

软熘,是先将原料蒸熟或煮熟,另外用调制卤汁浇淋于原料上的一种烹调方法。软熘菜质地非常软嫩,卤汁同样强调特殊风味。

蒸、煮熘的菜肴,以鱼为多。必须选择那些质地软嫩、新鲜的鱼类。蒸煮时应注意一断生即离火,撇干汤汁装盘;调制卤汁一般用蒸、煮原料的原汁;卤汁宜多,勾芡宜厚,用油宜少。软熘常见的代表菜有西湖醋鱼、五柳鱼等。

### (三)滑熘

滑熘指原料上浆滑油成熟后再调以有特殊风味的较宽卤汁的烹调方法。

滑熘菜肴以汁宽、滑爽、鲜嫩为特点。操作过程有两种,一是先将原料滑熟或刚熟,再另行在锅内烹制卤汁,勾芡后倒入原料,翻拌均匀即成;另一种是将滑油后的原料入锅加汤和调料用小火烧熟后勾芡的方法。

滑熘的卤汁下芡和用油都不能太多。滑熘常见的代表菜有糟熘鱼片、滑熘鸡片等。

## 三、爆

爆是将脆性动物类原料投入旺火高油温锅中，原料在极短时间内调味成菜的烹调方法。爆菜的最大特点是脆嫩爽口，汁紧油亮。爆的油温很高，通常在八成油温左右。原料入锅后，水分骤遇高温而大量气化，会发出爆裂声，由此而得名"爆"。爆的操作程序：原料经锲花刀——入中大油量、高油温的油锅中快速过油，入笊篱控油——锅留底油，以葱、姜、蒜等调料炝锅——再将过油原料入锅，烹入兑汁，翻拌均匀——出锅装盘即成。

爆的种类，主要体现在选用的调味料及组成的味型上，在地方性（主要在北方）烹调方法中，爆可分为芫爆和油爆。

（1）芫爆，也叫盐爆，其法是在兑汁调味中加入芫荽段，成菜注重鲜咸爽脆，带有芫荽特有香味，不勾芡。

（2）油爆，也叫蒜爆，其法是在兑汁调味中加蒜泥勾芡或油煸蒜泥。

在地方性爆法之外，爆菜的范围不断拓展，味型也越来越多，有鱼香、豉汁、咖喱味等。虽然味型扩大，但原料的选用和处理及烹制的过程都符合爆的特点。至于近年来，有的地方将脆嫩的料上浆后再烹制，尽管其基本程序与爆相同，口味也相似，实际上却已是滑嫩有余而爽脆不足的滑炒菜了。至于北京菜、鲁菜传统所称的"汤爆"、"酱爆"、"葱爆"等，因属于快速烹制，讲究口感的鲜嫩或脆嫩，但在其选料和加热全过程与爆相差甚远，故不属于爆的烹调方法。

掌握爆的烹调要领还须注意以下几个方面：

1. 选用新鲜动物性原料

由于操作速度快，投用的调料一般都比较嫩，口味以清淡的咸鲜为主，故原料一定要新鲜。常用的有肚尖、鸡、鸭肫、墨鱼、鱿鱼、海螺肉、猪腰、黄鳝等。

2. 原料一般需锲花刀

对原料的刀工处理，可使原料受热后显示美观外形，同时也是爆的快速成菜的要求。经锲制的原料，扩大了受热的面积，因此，迅速在高温油锅中过油，缩短了加热时间，保持原料的脆嫩度。锲的原料必须块型大小一致，锲纹深浅与行刀距离一致，这样才能保证原料在短时间加热中成熟度一致，同时达到整齐美观的效果。

3. 正确掌握火候和油温

有些原料在入油锅前需要烫焯，要求水量大，火旺保持剧烈沸腾，以使原料骤遇沸水而收缩，使所锲的花纹充分爆绽开来，也可使原料达到半熟状态，为后续爆的过程中达到快速成熟奠定基础。原料经烫焯后，立即入油锅爆，尽量缩短焯水和爆之间的时间，以求原料嫩和脆的质感。原料焯水后，要用干净毛巾吸干水分，避免在爆的过程中水分大量气化，而导致热油爆开烫伤人，最主要的是成品不带（或少带）水分，以保证爆的烹调方法效果，并达到包汁立芡特色的体现。爆的全过程基本都要求用旺火，一定要等油面冒青烟，八九成热时再下料。因油锅温度较高，原料入锅后要快速搅散，防止黏结，出现外熟里生现象。油爆之后，在炒和调味时，火力可以稍微减弱。一般爆菜，都要先将蒜、葱、姜、香菜等煸出香味（也有将葱、姜、蒜和其他调料放在一起用兑汁芡一起投入锅内），此时若火过大，容易将这些小料烧焦，操作时可使锅离火下葱、姜料。

4. 兑汁用料要恰到好处

爆菜都用兑汁调味,无论勾芡与否,都以兑汁法调味。加芡粉的兑汁,下芡粉的量要准,芡汁入锅时一定要辅以快速搅拌和颠翻,以防芡粉结团,包裹不匀;不加芡粉的兑汁,考虑到水分快速挥发的因素,汤汁可适当多一些。爆菜的汤汁不宜太多,以吃完原料盘中略有余汁为标准(如芫爆烹调方法);由于爆菜的原料块形一般较大,如兑汁中不加芡粉,口味可重一些;有些爆菜为了体现蒜、香菜等香料的特有风味,不经煸炒,而是将香料剁碎直接放入兑汁中使用。

5. 炒制时锅内底油不能多

传统的爆菜,原料都不上浆,成熟后表面光滑,芡汁较难裹附上去。底油少,下芡略重并多加颠翻,才能使卤汁紧包原料。尾油一般可沿锅壁淋下少许,再旋一下锅,颠翻两三下即可装盘。

常见爆的代表菜有蒜爆鱿鱼、油爆双脆、芫爆胗花等。

## 四、烹

烹是指原料经炸或煎加热成熟后再喷入已经调制的调味汁的一种烹调方法,自古就有"逢烹必炸"之俗语。烹菜的原料多需拍粉处理,菜肴成品本味较浓。

烹的操作程序是:原料改刀成条、块状加调味拌和──→拍干粉(也有用挂糊方法)──→入大油锅中炸脆外表──→沥油后炝锅──→原料回锅即烹入调味汁──→颠翻出锅装盘。

掌握烹的烹调要领还须注意以下几个方面:

在烹的方法中,煎、炸所用大多为动物性原料,炸的原料加工成段、块、条等形状;煎的原料则多为扁平状。炸或煎时火一般要旺一些,以尽可能缩短烹制时间,保持成品外脆里嫩的质感,又可使原料易于吸收烹入的调料。烹菜的调味料都事先兑制,待原料加热完毕,即将兑汁喷入,略加颠翻即可出锅。兑汁不加芡粉,量以成菜略带卤汁为宜。"烹"和"熘"之间主要的区别在兑汁是否加芡粉上。

烹常见的代表菜有炸烹明虾、煎烹鱼柳等。

## 五、煎

煎是以油与金属锅作为导热体,用中火或小火将扁平状原料两面加热至金黄色(或淡黄色),体现菜肴鲜香脆嫩或软嫩的一种烹调方法。

煎的操作程序是:调味后的扁薄状原料(有些要拍粉或挂糊)──→放入小油量的油锅中用中小火加热──→两面加热至熟──→烹汁或不烹汁──→出锅装盘。

煎时,油不能淹没原料,因原料是扁平状,因此要一面一面地加热。煎的最大特点是:在很短的时间里使原料表面结皮起脆,阻遏内部水分的外溢,因而保持菜肴外部香脆或松软、内部鲜嫩的特点。从理论上说,煎与炸有相似之处,但两者差别也比较明显。炸菜一般硬脆或酥脆,而煎菜多为松脆或软中略脆;炸菜原料以条块较多,而煎菜则一律为扁薄状,小到如金钱,大到如大饼;香味方面,炸则较煎浓郁。有的煎菜加工完毕后还可淋上一些酒、辣酱油等之类的调味品。

掌握煎的烹调要领还须注意以下几个方面:

(1)原料要加工成扁薄形状,保持厚薄一致,保证原料短时间内成熟,这是形成煎菜特有质感的前提。原料以动物性为主,要批切成大而薄,有些还须用刀背排敲一遍,再用刀面拍平;

使用植物性原料,其中也往往嵌(夹、包)有加工成泥状的动物性原料;嵌夹应稍薄一些,以便成熟;还可以将动物性原料加工成泥,做成丸状,投入锅中后用锅铲压成扁平状。

(2)煎菜大多需拍粉、拖蛋液,有些剁成泥状的原料也加淀粉和蛋液,以起到松嫩和粘连的作用。挂糊大多为全蛋糊、蛋黄糊,或者先在原料表面拍上干粉或干淀粉,再放在蛋液中一浸即入锅煎制,这种方法煎制的成品香味浓,表层质感软嫩,色泽金黄;挂全蛋糊的原料煎制后松嫩而脆。特别注意的是挂糊要均匀,不宜搅拌过多,尤其是一些薄片状的原料,极易出现厚薄不均的现象。

(3)煎制菜肴一般在挂糊入锅之前拌上调味料。调味较简单,以鲜咸味为主,常用的调料为葱姜汁、盐、酒、胡椒粉、味精等。调料应调拌均匀,调味原料冷藏静置一会儿,以使味渗入。煎菜以鲜干香嫩为主要特色,口味以偏淡一点为好。

(4)煎制时要注意掌握火候。原料薄,火力大;原料厚,火力小一些。下料时锅要热,油要冷,以免原料黏锅底,并且保证前后下料成熟度一致,达到断生即好的效果,保持鲜嫩。

煎常见的代表菜有煎水晶虾饼、煎猪排、煎茄夹等。

## 六、塌

塌是将调味、挂糊的原料用少量油小火慢慢煎至两面金黄色,另起油勺,依次煸炒配料,加入汤汁、调味料、主料烧开,改用小火煨烤成熟,至汤汁收浓的烹调技法。塌菜的制作要求较高,技术含量大,是鲁菜常用的烹调技法之一,其最显著的特征是大翻勺。根据不同的操作程序及成品特点,塌具体分为锅塌、滑塌、松塌等常见的技法。

### (一)锅塌

锅塌,又称煎塌,即将改刀成型、调味挂糊的原料用少量的油煎至两面金黄色,然后煸炒配料,加入适量汤汁和调味品,用小火慢慢煨透,收浓汤汁的一种烹调技法。菜肴注重造型美观,具有色泽金黄,咸鲜味醇特点;一般适用于猪肉、鱼、虾、鸡、豆腐等细嫩易熟的原料,刀工要求整齐划一,一般加工成片、条、块等形状。

操作流程:选取易于成熟的原料──→改刀成片、条等形状──→挂蛋黄糊或拍粉拖蛋糊──→用小火煎至两面金黄──→用葱姜丝、蒜片炝锅,加入汤、调味料、主料,用小火煨烤至汤浓──→慢慢拖入装盘即可。

掌握锅塌的烹调要领还须注意以下几个方面:

(1)锅塌菜肴注重造型,保持整齐划一特点。

(2)原料需在煎烹前调味入味,有的原料需要挂蛋黄糊,有的需要拍粉、拖蛋黄液。

(3)预处理后原料在加热时需用小火慢慢加热,煎至色泽金黄。

(4)成菜后须轻轻拖入盘内,以便保持菜肴完整的形态。

### (二)滑塌

滑塌,即将加工好的原料进行调味,然后挂软糊或不挂糊,用温油滑熟取出,留少量底油,小料炝锅,加入汤汁、调味料及主料,用小火煨熟的烹调技法。菜肴保持质地滑嫩,鲜香清脆的特点;一般适用于易于加热成熟、片形大且不易散的动物性原料。用此技法烹制的菜肴大多数是单一配料,适于家常菜的制作。

操作流程：将原料加工成较大的形状——挂上用蛋清、淀粉、面粉调制成的糊——上锅滑熟，其油温在五六成热，防止原料脱糊——炝锅，加入调味料、汤汁及主料，用小火慢慢煨烤至汤汁少许——煨熟装盘。

掌握滑塌的烹调要领还须注意以下几个方面：

（1）挂软糊的主料在滑熟过程中油温应控制在五六成热，以防止油温过低，糊浆脱落。

（2）主料在汤汁煨烤的时间不宜过长，保证滑嫩特点。

（3）在加热调味过程中调料下料要准。

## （三）松塌

松塌，即将加工好的原料调味，挂蛋泡糊或发粉糊，用适量的油煎至两面金黄；小料炝锅，加入汤汁、调味料、主料，用小火慢慢加热，至汤汁浓稠时，撒上松子仁装盘的烹调技法。菜肴具有松软香嫩、色浅黄、汤浓的特点；一般适用于质地细嫩无异味的新鲜原料，荤素原料均可用此技法烹制。动物性及海鲜类原料挂蛋泡糊，素菜一般挂发粉糊。

操作流程：原料加工成片、条形状——根据原料的质地采用不同的糊——把煎好的原料放入汤汁中，加热入味——撒上松子仁，装盘即可。

掌握松塌的烹调要领还须注意以下几个方面：

（1）控制糊的稀稠度，确保原料饱满外形。

（2）控制松子仁烹制的火候，保持松仁香味，防止出现苦味。

（3）原料加热的时间不宜太长，防止脱糊影响外形和嫩度。

另外，塌还有香塌、拖塌、糟塌等多种技法，这些技法均是在锅塌技法基础上的一种发展及延伸。香塌与松塌相似，把松子仁换成芝麻即可；拖塌适用于整形的原料，在原料表面剞十字形花刀，与锅塌相似；糟塌则在锅塌基础上用酒糟调味。

塌的菜肴色泽鲜丽，质地酥嫩，滋味醇厚。常见的代表菜有锅塌豆腐、锅塌里脊、锅塌鱼肚、滑塌肉片、松塌鸭肝等。

# 第二节　以水为加热体的烹调方法

以水作为主要加热体，烹调时原料浸没在水中，原料脱水的情况不严重，原汁原味保持得较好。鲜嫩细小的原料，成菜后具有柔嫩的特点；老韧的原料则变得酥烂。水量的不同、火候的不同，都会影响成菜的特点。

## 一、烧

烧，是以水作为主要导热体，经旺火煮沸汤汁——中小火成熟、入味——旺火勾芡三个加热阶段，成菜具有软、熟、嫩的质感的一种烹调方法。

掌握烧的烹调要领还须注意以下几个方面：

烧的操作程序为三个阶段：表层处理——调味焖烧——收汁勾芡——出锅装盘。

1. 第一阶段——表层处理

绝大部分烧制菜肴，原料都需进行表层处理。其作用是排去其中部分水分，去除其中的腥膻异味，达到起香目的；改变原料表层的质地和外观，使表面起皱达到上色目的，并使原料表面

肉质紧实,易于保持外形,吸入卤汁和紧包芡汁。例如:红烧鱼先用酱油抹一下。表层处理的方法一般有四种:

(1)用类似煎的方法,即锅中置少量油烧热,将原料投入,以中火或旺火进行短时间加热。因为所用油量小,原料直接接触锅底,所以要防止黏底。煎制前锅要洗干净,烧热后要用油滑锅才能下料。下料后要注意旋锅,使原料改变位置,均匀地受热。煎不能过老,原料结皮即可加料焖烧。常用此法的原料多为扁平状,如鱼、豆腐、明虾、排骨等。

(2)用类似炸的方法,即锅中置较多的油,烧热,将原料投入,以中火加热。由于原料浸没于油中,而不接触锅底,所以脱水较快而表面结皮较慢,一些腥味重、形体不规则的原料大多采取此法。关键是,不同的原料,要运用不同的火候,腥味重、不易散碎的原料,可用中火、中油温作较长时间的加热;含水分较多、易散碎的,则应用旺火高油温短时间加热。用此法的原料有整只的野禽、家禽、笋、豆腐等。

(3)用类似氽的方法,即原料在低油温、大油量的油锅中用中小火慢慢加热的方法,在氽的过程中注意控制油温,不宜过高。此法适合于一些蔬菜,如宁波烤菜心,一方面叶菜表面黏附油脂后色泽光亮;另一方面蔬菜在油中加热区别于水中加热,经油锅处理的蔬菜则基本能保持生鲜时的外形,且本味突出,不会产生因蔬菜果胶质溶化而使水分溢出造成变形的现象。再略加焖烧,成菜外形美观,内质酥烂。这种油氽法,饮食业中也有叫油焖法的。

(4)用类似煸的方法,即在锅中加少量油烧热,投入原料用旺火快速加热。此法所用油量最少,主要作用是润滑。由于原料直接接触高热的锅底,所以必须不停地翻炒,以防烧焦。如:东坡肉。采用此法的原料,形状不能过大而不易散碎;煸前,锅也必须刷净、烧热、用油滑过;操作时火要旺,快速颠翻炒锅;煸炒时间长短应根据原料的特点和成菜要求而定,血腥轻的要快,血腥重的应当多煸一会。小块状禽类、鳝丝、部分蔬菜常采取此法。

2. 第二阶段——调味焖烧

这个阶段决定烧制菜肴的味道和质感。火候一般用中小火焖烧。

(1)经表层处理或直接入锅焖烧的原料下锅之后,首先应投入调味佐料。如果是动物性原料,应最先投入酒,才能有效地起到解腥起香的作用;调味料先于汤水加入,才能使原料表层更好地吸收调料的味道;有的调料,如酱油、咖喱粉等还起上色作用;加酱油烧菜一般还需在最后用旺火收汁装盘。加汤水时动作要轻,应从锅壁慢慢浇入,待汤水烧开后转入中小火加盖焖烧。

(2)焖烧时间的长短、火力的大小要根据原料质地的老嫩、块型的大小而定。一般质地老、块型大的原料应多添些汤水用小火多焖烧一会;质地鲜嫩、块型小的原料,可稍加一些水,火也可以旺些,焖烧时间掌握在原料断生即好。

(3)烧菜投料要准,调料与汤汁一次下准,中途追加会冲淡卤汁的味道,严重影响菜肴的口感和色泽。汤水的最佳添加量应该是勾芡后形成宽紧最合适的卤汁所需要的数量。

(4)烧菜用汤或用水应根据原料而定。烧鱼类,习惯上用水,以保持鱼味的清鲜纯真;烧禽类、蔬菜类用白汤;烧山珍海味则要用浓白汤或高汤等。

3. 第三阶段——收汁勾芡

这个阶段是烹调的关键阶段,与菜肴的色泽、形态、卤汁宽紧等关系密切。

经过焖烧,原料已成熟或基本成熟,质感已基本定形,所以采取旺火使芡汁快速稠浓,并包裹在原料上。此时的操作,仍需注意几个关键问题:

（1）控制火力，并非火越大越好。同是旺火还可有细微的差别，汤汁多，原料少，火可大一些；汤汁少，原料特别嫩的，应稍稍偏向中火，以避免芡汁糊化过快而结块焦糊。

（2）下芡要均匀。烧菜大多取用淋芡和泼芡。有些排列齐整或易散碎的原料下芡后不能颠翻炒锅或用勺子搅拌，很容易出现结块现象，所以下芡之后一定要多旋锅或多拌炒。芡粉汁调得稍微薄些，芡汁淋在汤汁翻泡处，或边淋芡、边旋锅、或者用勺子搅拌翻锅，保证芡汁均匀包裹在原料上。

（3）勾芡后浮油忌多。一方面，过多的浮油给人带来视觉和口感上的不适；另一方面还可导致芡汁泄掉。正确的下浮油法是将油从锅边淋入，随后旋锅，使油沿锅壁沉底，再稍加旋锅使油脂与卤汁拌和，即可翻身装盘。加油之后颠翻、搅拌、旋锅次数不能多，以免油为芡所包容，失去光泽。

有些菜肴，如虾籽蹄筋，在勾芡后要把沸油推打入卤汁中。这种情况下，勾芡要厚，油要沸热，沸油应分几次推打入芡内，同时严格控制油与芡汁的比例。如果油超过芡汁的包容量，形成油芡分离，达不到此类菜肴的要求。烧常见的代表菜有红烧肉、红烧划水、红烧鸡块等。

## 二、炖

炖是将处理后的原料加汤和调味品直接放在小火中加热，或将处理后的原料加汤和调味品上笼蒸，至原料酥烂而汤汁清澈或醇厚的一种烹调方法。

炖的操作程序是：原料经焯水等处理──→放入陶器中──→加水或汤、调味──→旺火烧开后用小火较长时间加热（或蒸）──→原料酥烂后连锅一同上席。

（一）不隔水炖

将原料（肉）在开水内焯水，去血污除腥膻味、再放入陶制的器皿中，加葱、姜、料酒等调味品和水，加盖直接放在火上烹制。烹制时，先用旺火煮沸，撇去浮沫，再移入微火上炖至酥烂，炖的时间，可根据原料的性质而定，一般约需2～3小时。

（二）隔水炖

将原料在沸水内焯水，去血污除腥膻味、再放入陶制的器皿中，加葱、姜、料酒等调味品及汤汁，封口，把器皿放在水锅内（锅内的水需低于钵口，以沸水不浸入为度），盖紧锅盖，不使漏气，用旺火烧开转小火保持微开，约三小时即可。这种炖法保持原料本味，制成的菜肴香鲜味足，汤汁清澈见底。炖的食品下料时可不经煸炒，直接加汤炖煮，也可煸炒后下料炖煮。

（三）蒸炖

把装好原料的封口器皿放在沸滚的蒸笼上蒸炖。其效果与不隔水炖基本相同，但因蒸炖的温度较高，必须掌握好蒸的时间。蒸的时间不足，达不到菜肴要求；蒸的时间过长，也会使原料过于熟烂，失去口感。

炖，根据成菜的汤色还可分有清炖和浓炖两种。炖制的方法基本一样，清炖适宜于夏秋季节，特点是汤清润而不腻，原料选用少脂肪鲜美食材，如虾球、鲍鱼、燕窝、海参等；浓炖适宜于冬春两季，特点是浓郁、芬香，原料采用较肥腻的含油脂多的肉类，如童子鸡、鸽子、排骨、蹄髈等。

炖菜能使原料的呈味物质缓慢而尽可能多地析出,因而使汤汁味美。因此,炖菜器皿一般选用陶器,它既是加热器皿——锅,又充当盛器,烹制完毕后连锅上桌。陶器的特点是传导热量缓慢,因此散失热量也慢,它能使锅内温度较长时间维持,适于原料酥烂脱骨。

掌握炖菜的烹调要领还须注意以下几个方面:

(1) 炖菜应选质地较老,富含蛋白质的原料。炖的原料如鸡、甲鱼等,须经焯水、油炸等,以除去部分血腥,保证汤汁的清醇和浓郁。

(2) 一次性投料(调味料、汤水)要求准确。炖菜在加热过程中水分挥发不多。

(3) 要正确掌握火候。锅中加料后一般先用旺火烧开,这时应特别注意防止溢锅,及时撇沫。炖菜一般用砂锅,溢锅易造成锅底爆裂。刚开时,汤面都有浮沫,已焯水甚至已制熟的原料,也会出现浮沫,要及时撇净浮沫,随即转为小火,保持汤汁微滚样即可。

炖常见的代表菜有坛子鸡、清炖狮子头等。

## 三、焖

焖是原料以水为主要导热体,经旺火烧沸汤汁,长时间小火至酥软入味,旺火加热收汁的一种烹调方法。

焖的操作程序是:原料经煎、煸、炸等初步熟处理——→加调料小火长时间焖烧——→勾芡或不勾芡收稠卤汁——→出锅装盘。操作过程与烧很相似,但在第二阶段小火加热的时间更长,火力也更小,一般在半小时以上。经过小火长时间加热之后,原料酥烂程度、汤汁浓稠程度都比烧浓,而原料的块型依然保持完整。成菜具有酥烂软糯,汁浓味厚的特色。

掌握焖的烹调要领还须注意以下几个方面:

(1) 焖的加热特点一般选用老韧的原料,且以动物性原料为多。老韧原料往往比鲜嫩原料含有更多的风味物质,经焖后析出于汤汁之中。常用的原料有牛肉、猪肉、牛筋、鸡、鸭、黄鳝、甲鱼、蹄髈等;植物性原料取焖法,都是耐长时间焖烧的,如笋、菌类等。

(2) 正确运用火候。焖的加热过程与烧相似,也有三个阶段。第一阶段原料作表层处理时也用旺火,以去除原料异味,使原料上色,所用方法有炸、煎、煸等。第三阶段大火收稠卤汁也与烧相仿。但是,因为在第二阶段中经过长时间的焖烧,原料内的蛋白质等物质溶于汤汁中,卤汁浓稠,所以收汁阶段火就不能太大,要多旋锅,密切注意卤汁浓稠情况,及时下芡或稠浓卤汁。焖的第二阶段是焖的特色所在,也是关键,要用小火甚至微火加热。焖和烧的区别在第二阶段所用的火候不同。

(3) 正确掌握调味料等的投放。焖菜小火加热时间较长,因此一些咸味调料不宜过早加足,有许多是先在第一阶段加热时加一部分咸味调料,到收浓卤汁前再外加一些调味料。另外,焖菜加油也极为讲究,如果需要勾芡,原料入锅时的底油不能太多,以免芡汁糊化不均匀而影响效果;原料本身含脂肪量多的,焖烧后油脂溢出,勾芡前要撇去一些浮油。不需勾芡的焖菜要加一定的油脂,以增强卤汁的浓厚度和黏稠性,使卤汁与原料混为一体。用于焖菜的油最好是豆油或猪油,较易与汤汁混合。还有,汤汁一定要一次加足,中间添加汤汁会冲淡原有的浓醇的味感,影响菜肴口味。

焖常见的代表菜有黄焖鸡块、生焖黄鳝、油焖笋等。

## 四、烩

烩是指将小型或较细碎的原料入汤,经旺、中火在较短时间内加热后,勾薄芡,成品讲究半汤半菜的烹调方法。烩菜的特点是汤宽汁醇,滑润嫩爽。

烩的操作程序是:经刀工处理的小型原料与汤一起下锅(也有先炝锅的或原料先经上浆滑油的)——旺、中火烧开,调味——勾薄芡——出锅装汤盘或汤碗。

掌握烩的烹调要领还须注意以下几个方面:

(1)烩菜对原料的要求比较高,强调原料或鲜嫩或酥软,不能带骨刺,不能带腥味,并且以熟料或半熟料或易熟的生料为主。要求加工成细小薄,多为丝、片、粒、丁等形,要求大小一致,整齐美观。烩菜的原料大多在两种以上,保持多种原料的刀工处理后的形状一致或相仿。常用的有山珍海味、鸡、里脊肉、虾仁、鱼肉等动物性原料,以及香菇、蘑菇、冬笋等植物性鲜味原料。

(2)选用上等汤汁。烩菜的美味,烹调汤很重要。所用的汤分为两种,一为高级清汤,一为浓白汤。高级清汤用于清鲜口味、汤汁清白的烩菜;浓白汤用于口感醇厚、汤汁浓白或淡红色的菜;有时还可加些牛奶,起到增白和增香味的作用。

(3)勾芡是关键。要求勾成薄芡,以至手勺将汤舀起慢淋,成一直线,浓于米汤即成。烩菜勾芡的目的,一是使汤稍稠之后,原料上浮不能全部沉入汤底,突出菜肴;二是能使汤汁延长在舌面上停留一定的时间,增加滋味。勾芡时,火不能旺,汤要微沸,以保证汤汁的清晰。勺要迅速搅和,水生粉的浓度要适宜,使淀粉迅速充分糊化,而不至于结块。

烩常见的代表菜有酸辣汤、五彩稀卤鸭米、奶汤烩鱼片、黄鱼羹、海参羹等。

# 第三节 以蒸汽和干热空气为加热体的烹调方法

以水蒸气为主要传热介质的烹调方法主要有蒸和蜜汁;以干热空气为主要传热介质的烹调方法主要有烤。

## 一、蒸

蒸是指原料以水蒸气为导热体,用中、旺火加热,成菜具有熟嫩或酥烂特点的一种烹调方法。绝大部分蒸菜在蒸制前调味,也有少部分在蒸制后再另外调整口味。

蒸汽作为热导体,有它的特殊性。

第一,蒸汽的热量比较稳定,操作时容易掌握成菜的质感与加热时间的关系。蒸汽是水的变态,用旺火加热时,最低温度是100℃,盖严笼帽之后,笼内压力增加,温度会略有上升,一般情况下可达105℃左右。温差小,加热时可变因素相对减少。所以,蒸菜烹调时间的确定性好。

第二,蒸汽导热能更多地保存原料的原汁原味。原料处于密闭的空间,笼内温度呈饱和状态,不存在水分的内外交流,除了原料受热挤出少量水分外,不会产生大量脱水的情况,保持原汁原味。但外加的调味料在加热过程中不可能为原料所吸收,不易入味。

第三,用蒸汽加热,不会破坏原料的形态。原料进笼,到成菜出笼,不移动位置。与水煮相比,原料达到成熟或酥烂的质感时,也不至于改变其外形。许多造型讲究的工艺菜常选用蒸用

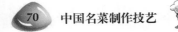

于最后加热成熟,以达到保持外形和成熟的目的。

蒸常见有清蒸、粉蒸、包蒸、豉汁蒸等几种。

## (一)清蒸

清蒸是指单一主料,单一口味(咸鲜味),原料直接调味蒸制,成品汤清、味鲜、质嫩的蒸法。这种方法主要用于鱼类,蒸鱼最讲究一个"清"字。原料必须洗涤干净,沥净血水。有些鱼如鳜鱼还可在沸水中烫一下刮去黑衣再蒸。为便于快速成熟,缩短加热时间,形体较大的鱼一般都要剞上花刀。蒸制时要火旺水沸,短时间内加热成熟,一气呵成,并马上上席。清蒸常见的代表菜有清蒸鳜鱼、清蒸石斑鱼等。

## (二)粉蒸

粉蒸是原料黏上一层炒米粉再蒸,原料主要是肉类、禽类,有片状和块状两类。片状多为鲜嫩无骨的,蒸制时以旺火沸水快速蒸成,成品的口感要求保持鲜嫩;块状料一般要求蒸酥。炒米粉的制作方法是,将大米再加花椒、茴香、桂皮用小火煸炒,至米粒发黄炒出香味,拣去香料,将米磨成粗粉。粉蒸的调味品一般有甜面酱、郫县豆瓣酱(也有不加的)、酒、酱油、白糖、葱姜,将原料均匀地拌上调味料后,再拌上炒米粉。粉蒸常见的代表菜有小笼粉蒸牛肉、粉蒸肉等。

## (三)包蒸

包蒸是原料包上菜叶、网油、玻璃纸、荷叶等再入蒸笼加热的一种蒸法。此法使原汁不受损失,又可增加香肥的风味。包蒸常见的代表菜有荷叶粉蒸鸡、网包鲫鱼等。

## (四)豉汁蒸

豆豉蒸是在蒸菜的调料中加豆豉,使成品菜有特殊的豆豉香味的蒸法。豆豉菜肴的加热时间都较长,原料一般须上浆,口感是酥滑。豆豉蒸常见的代表菜有豉汁凤爪、豉汁排骨等。

蒸的操作程序是,原料调味——→上蒸笼蒸制——→至酥烂或熟嫩时出笼——→直接或调整味道后上席。

掌握蒸的烹调要领还须注意以下几个方面:

1. 选用新鲜的原料,并且事先调味

蒸的原料一定要特别新鲜,稍有异味,成熟后仍能感觉到异味,影响品质。蒸的原料大致分成两类:成菜要求鲜嫩的,一般选用形体不大或者较易成熟的原料;要求酥烂的,一般选用富含蛋白质、质地较老韧的原料。质地嫩的调味之后需马上蒸制,以防调味渗入后水分排出;质地老韧的调味后往往需腌制一定时间,使之入味。

2. 正确掌握火候

不同要求的蒸菜,在掌握火力的强弱及时间长短上有所不同,具体有三种情况:

(1)用旺火沸水速蒸。一般对原料要求是质地鲜嫩,成品要求只要蒸熟,不要蒸酥的菜肴,断生即可(10分钟左右),如粉蒸牛肉片、清蒸鳊鱼等。如果蒸过头,则原料变老,口感粗糙。

(2)用旺火沸水长时间蒸。凡原料质地老、体形大,而又需要蒸制成酥烂的,应采用这种方法。蒸的时间长短应视原料质地老嫩而定(一般需 2～3 小时)。总之要蒸到原料酥烂为止,以保持肉质酥烂肥香,如粉蒸肉、蜜汁火方等。

(3)中、小火沸水徐徐蒸。原料质地较嫩,或经过较细致的加工,要求保持鲜嫩的或造型的,就要用这种方法。如绣球鱼翅、兰花鸽蛋、白雪鸡等。

3. 合理使用蒸笼

现在使用的大都是三门蒸柜,蒸制时往往是几种菜肴一起加热。因此在具体操作时应注意以下三点:

(1)汤水少的菜应放在上面,汤水多的应放在下面。

(2)淡色的菜肴应放在上面,深色的应放在下面。这样万一上面的菜肴汤汁溢出不至于影响下面的菜。

(3)不易熟的菜肴应放在上面,易熟的应放在下面。因为热气向上,上层蒸柜的热量高于下层。

## 二、烤

用干热空气和辐射热能直接将原料加热成熟的方法称为烤。烤菜制作时,已经调味的原料直接放在明火上或放进烤箱里,因此它的导热过程实际上是火将空气烧热,空气再将热传导给原料;同时,火光强烈的辐射也给予原料很高的热量,远红外烤箱就是主要利用辐射传热的。烤制菜肴的燃料,常见的有柴、煤、煤气和红外线。烤菜的加热过程,也是脱水的过程,能像炸一样使原料脱水变脆,而比炸更具浓郁香味。烤制时产生的香味全部弥漫在空气中,香味诱人。烤制时原料外部只有涂刷于表面的调味品,没有任何东西浸入原料,更能体现原料的本味。烤制的菜肴有的外表香脆内部肥嫩,有的肉质紧实,越嚼越香。

烤的操作程序是:原料调味──→入烤炉烘焙至香脆或熟嫩──→生炉(换盘)上席。根据烤炉设备及操作方法的不同,烤可分为暗炉烤和明炉烤两类。

(一)暗炉烤

暗炉烤是指使用封闭型的烤炉烤制原料的一种烤法。这种炉子,热量集中,可使原料四周同时受到高温烘烤,容易烤透。原料大多事先调味,并腌渍一定时间。菜肴口味宜淡不宜咸。原料调味时要慎用酱油和糖,因其经火烤后颜色较易变深。有些菜肴讲究外表香脆,色泽红润,有时采用涂糖稀的办法可浇淋糖水,也可用刷子刷上糖水。涂刷时,应注意厚薄均匀,否则烤制后颜色会深浅不一。涂好后应将原料吊起来晾干,否则也会影响色泽和脆度。

暗炉烤制时要注意掌握火候。烤前应先将烤炉烧热。原料形体大的,火要小一些,时间稍长;形体小的,火可大一些,时间短一些。烤炉中,一般顶部和近火处温度最高,要注意经常变换原料的位置。悬吊着烘烤的,要变换前后位置;用烤盘的要变换其上下位置,以使原料的不同部位同时成熟。

暗炉烤还有一种特殊的烤法,即泥烤。泥烤是原料裹上一层黏质黄泥(现在一些酒店用面粉替代),放入烤炉内加热成熟的烤法。泥烤最早是将裹上黄泥的原料放在炭火、柴火的余烬里加热,现在绝大部分酒店的做法是放在封闭式的烤炉内。

泥烤菜肴以黄泥烤鸡(也称黄泥煨鸡、叫化鸡)为代表。制法是原料调味后包上荷叶和玻璃纸,外边用捣碎的酒坛泥加水和成黏糊,均匀地涂裹在原料表面(一般泥厚约 1 厘米),随后用小火烤。因为有严密的保护层,热量缓慢透入而不易散发,所以成品原味俱在,香味浓郁,质感酥嫩。

泥烤应选择中等老嫩的原料。原料太老,烤制费时太多,质感嫌粗;原料太嫩,烤制后脱骨出水,口感也不好。原料调味前一般要焯水,以去除表层血腥,保证本味的醇厚,口味不能过咸。荷叶或玻璃纸要包得紧密,否则里边汁液渗出为泥巴所吸收。进烤箱后可先用旺火烤,随后转小火,烤至泥巴板结,里边原料成熟为止。

烤制的菜肴除用作冷菜之外,上席应越快越好。许多菜烤制时形体较大,烤好后须改刀上席的,改刀时动作要快。

暗炉烤常见的代表菜有著名的北京烤鸭、烤河鳗、烟鲳鱼、新疆烤全羊、叫化鸡等。

（二）明炉烤

明炉烤指将原料放在敞口的火炉或火盆上烤炙。火炉、火盆上方一般有铁架子,原料就放在铁架上。为便于翻转,许多原料还以铁叉或铁丝串住。明炉烤的特点是设备简单,火候较易掌握。但因火烟囱分散,故烤制的时间较长。烤时火直接烧烤原料,脱水更多,干香味也更为浓郁。

明炉烤的原料,大多事先调味,形体大的求其外表香脆质感,往往烤成之后随调好的调味品上席供蘸食。原料的调味事先要经过腌渍阶段,以便入味。烤时离火近一些,翻动勤一点。原料多以各种肉类为主,成品颇耐咀嚼。形体大的原料,烤时就得耐心,离火稍远些,缓缓地不停地转动原料,使每一部分均匀地受热。有些原料还在表皮涂以糖稀（皮水）,使皮色棕红,质地香脆。这种烤菜烤时要做到外表脆时里边正好成熟。

明炉烤常见的代表菜有烤乳猪、烤羊肉串、烤酥方等。

实践应用篇

# 第五章　名菜剖析

我国有四大菜系、八大菜系、十大菜系等地方菜系划分，各个菜系都有一些著名的代表菜，经过长期不断改良传承至今成为中华美食中的瑰宝。以各地方菜系中的传统名菜和创新菜肴制作为研究对象，研究其在文化传承、精选原料、刀工处理、预热处理、烹制工艺、调味工艺等方面的特色，达到借鉴、创新等思维与能力的培养，继承与发扬中国烹饪艺术的目的。

## 第一节　上海传统菜肴

### 一、金牌红烧肉

红烧肉自然想到苏东坡。正是由于他的贡献，红烧肉才能从老百姓的菜桌走上了文人墨客的餐桌。

"黄州好猪肉，价贱如粪土，富者不肯吃，贫者不解煮。慢著火，少著水，火候足时它自美。每日早来打一碗，饱得自家君莫管。"从这首苏东坡的《食猪肉》诗中不难看出苏老先生不仅是"每日早来打一碗"，而且，还深谙红烧肉"慢著火，少著水，火候足时它自美"的烹饪之道。

上海红烧肉最能体现出浓油赤酱的特色，除了酒、酱油和糖之外，完全不加其他调味料。"正宗"的上海红烧肉，完全靠火候，做出肥而不腻、酥而不烂、甜而不黏、浓而不咸的味道，才能达到红烧肉的最上乘境界。红烧肉全国各地都有，然而这几年，在全国最走红的红烧肉，是标明为"本帮"的上海红烧肉。

金牌红烧肉是"本帮"上海红烧肉中的极品。金牌红烧肉选料极其特别，选用"两头乌"猪身上的肋条肉。这种两头黑、中间白的猪，肉质细嫩且口感好，产自浙江金华，是做金华火腿的优质猪种，享有"中华熊猫猪"的美誉。制作时先在锅里煸炒18分钟后再装入陶土罐里开始炖，有效地起到减少肉的油腻，增加糯感的作用。成菜后讲究装盘艺术，"把菜当艺术品去制作"就是金牌红烧肉制作的理念。

**所属菜系**：上海菜

**所属类型**：地方特色菜

**所属技法**：红烧类

**原料**："两头乌"带皮五花肉 2500 克。

**调料：**黄豆酱油 100 克、鲜酱油 50 克、花雕酒 1/2 瓶、冰糖 300 克、鸡精 100 克、味精 25 克、鸡壳猪骨汤 2500 克、姜汁 250 克、八角 2 个、葱结 50 克、姜片 50 克、红曲米汁水少许。

　　**烹制过程：**

　　(1) 取"两头乌"带皮五花肉(或上好的带皮五花肉)，焯水后洗净，切成 2×3 厘米均匀肉块。

　　(2) 锅里放少许油，肉下锅煸炒透，加花雕酒焖透后，再加红酱油、鲜酱油。烧至酱油渗入肉中，汤汁干时，加入适量鸡、骨汤水，煮沸装在陶土罐里。

　　(3) 小火慢炖 1 个小时左右至肉酥软，汤紧汁收时，加糖，快速用大火翻炒，至酱汁自然成芡，赤酱紧包红烧肉时，起锅装盘。过去，上海传统做红烧肉是不放水的，放好酱油后，用小火焖上 45 分钟，再加糖炒透即可。这种不加水的红烧肉吃口更香，肉质更有嚼劲。

　　**质量要求：**色泽晶亮，汁水黏稠，糯软适当，油而不腻。肉皮糯且微微弹牙，汁甘甜却并不过分。

　　**工艺关键：**

　　(1) 一定要选用肥瘦相间的肋条。

　　(2) 肉块可以不焯水直接小油煸炒，这样做出来的肉会更香(肉块形状会略差一点)。

　　(3) 肉块一定要煸透，约 18 分钟至肉色焦黄。

　　(4) 选用李锦记草菇老抽和李锦记精选生抽，约 2：1 的比例较好，因为生抽使红烧肉的底味有咸味，而老抽则能带出肉的丝丝甜味，使肉色更加红润。

　　(5) 遵循"慢著火，少著水，火候足时它自美"的烹饪之道。

　　**温馨提示：**

　　目前流行的大烤红烧肉的做法：带皮五花肉切方块后飞水，过油，去掉肉中太多的油腻；同样是借用花雕酒和糖水调味。不同的是用肉质鲜嫩的墨鱼替代了传统的百叶结。墨鱼在下锅前需烧制两个小时以上，然后在红烧肉烧至七成熟时下锅，这样出品后的墨鱼肉质软嫩无硬感，鲜美清爽。

　　还有很多餐厅在制作红烧肉时走家常方法，有的加长豇豆干，有的加百叶结或笋干，还有的加煮鸡蛋或鹌鹑蛋同烧等。李耀云大师在香港主理上海菜，他创造性地将茶树菇与红烧肉同烧，成为香港人吃饭必点菜肴。

　　**二、八宝辣酱**

　　**所属菜系：**上海菜

　　**所属类型：**地方特色菜

　　**所属技法：**熟炒类

　　**原料：**猪腿肉丁 50 克、肫丁 50 克(鸡或鸭肫都可以)、熟猪肚丁 50 克、香干丁 2 块、开洋 20 克(用黄酒、葱姜水浸泡过)、冬笋丁 25 克、栗子 20 克、白果仁 20 克、花生米 25 克、(上浆)虾仁

50 克、青豆 15 克。

调料:湖南辣椒酱 1 匙(调羹)约 20 克、精制油 50 克、海鲜酱 1 匙约 20 克、老抽 15 克、白砂糖 1 匙约 20 克、味精 2 克、二汤 100 克、湿生粉 15 克、红油 10 克、精盐 2 克、麻油 5 克。

**烹制过程:**

(1) 锅置火上烧热用油滑锅,加 2 手勺油(3 两勺),烧三至四成热,上浆虾仁下锅,划散(虾仁已变成乳白色),下青豆用手勺推匀,倒入漏勺沥油。

(2) 锅中加精制油 50 克,下辣椒酱、海鲜酱煸出香味,放入各种丁料和开洋烧至生料变色,再加白果仁、栗子,加黄酒、老抽、糖、味精、二汤,转中小火,烧至汤汁稍紧时转旺火用湿生粉勾芡,加淋适量精制油和红油起锅装盘。

(3) 净锅置火上,加二汤 25 克、盐 2 克、黄酒 5 克、下滑熟的虾仁和青豆,勾芡(湿生粉 1 元硬币面积大小),淋入麻油几滴,浇盖在八宝辣酱上。

**质量要求:**色金红、质软硬适度、味香辣、咸中带甜。

**工艺关键:**

(1) 所有原料刀工成形要大小均匀。

(2) 酱色要金红,芡汁要紧包,卤汁不宜过多。

**温馨提示:**八宝辣酱是上海传统名菜之一,也是考高级烹调师的菜点之一。现已适当改进,在调料上,以前用的是豆瓣酱、辣椒酱、甜面酱、红酱油等,现在用湖南辣椒酱、海鲜酱、老抽等,更能突出原料的鲜味。评分要求,色泽金红,质感爽脆软嫩,丁料均匀,鲜香微辣,咸中带甜。装盆宜选用九寸圆平盆。

## 三、八宝糯米鸭

本帮名菜八宝鸭乃是上海老饭店的第一招牌菜,被美食家誉为席上一绝而驰名中外。此菜系由苏州八宝鸡改良而来。不过如今人们只知上海八宝鸭,而不知苏州八宝鸡了。经过多次改进,不仅改炸为蒸,而且变鸡为鸭。在鸭腹内塞入鸡丁、肫丁、肉丁、火腿、香菇、糯米、干贝、板栗、白果、笋丁等原料,经蒸焖后,各种主辅料互相渗透融合,香气扑鼻,皮润肉细、鸭肉酥烂、软糯香滑。

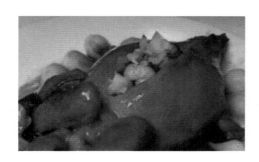

**所属菜系:**上海菜

**所属类型:**地方特色菜

**所属技法:**蒸烧类

**原料:**活雄麻鸭 1 只(约 3~4 斤)。

**副料:**糯米、火腿、腊肠、鸭肫、猪精肉、香菇、栗子、银杏、冬笋、熏干、胡萝卜、青豆各适量。

**调料:**料酒、酱油、糖、盐、姜、香叶、八角、桂皮。

**烹制过程:**

(1) 将鸭宰杀洗净后,用花椒盐里外擦匀腌 1 小时,抹料酒、酱油、塞葱姜腌制过夜。

(2)糯米淘洗干净后浸泡过夜,后隔水蒸熟。腊肠、火腿、香菇、栗子、银杏、冬笋、熏干、胡萝卜等分别切成小丁,入油锅煸炒,放少许酱油和糖调味,加入糯米饭拌匀成八宝馅料。

(3)腌好的鸭子抹干表面,把八宝馅料填入鸭肚子至饱满后用针线缝合,再焯水。

(4)在焯好水的鸭子上抹上酱油和黄酒,略吹干,用勺子把六成热的油不断淋在鸭子表皮上至鸭子表皮呈金黄色。

(5)锅中留少许余油,煸香葱段、姜片,加入酱油、糖、花雕酒、香叶、八角、桂皮和适量清水,煮开后熬制15分钟成酱汁。把沥去油的鸭子放入盘中加入酱汁密封,上笼中火蒸2~3小时,至鸭子酥软为止。

(6)把鸭子取出装盘,蒸鸭盘里的汤汁倒入锅中,烧至浓稠后浇在八宝鸭上即可。

**质量要求:**红润饱满、皮润肉细、鸭肉酥烂、软糯香滑。

**工艺关键:**

(1)鸭,选用1750克左右的肥壮嫩鸭为宜。

(2)洗净填鸭,将鸭脖脊部切开长10厘米刀口;用细竹签别住开口,防止漏馅。

(3)糯米浸泡至少两小时,否则影响糯米的糯性。

(4)填料不要太满,煮后糯米会膨胀;也不要压太紧,那样不容易熟。

(5)填好的鸭子放开水锅内烫煮2分钟取出,起到定型去膻作用;蒸制时,用玻璃纸封好,以免沾水,影响口味口感。上笼蒸1.5小时取出一定要晾凉,防止脱皮散架。

(6)先定型,后焐熟,再上色起脆。热锅放生油至60℃油温,将鸭背向下放入,炸至挺身翻转再炸鸭脯呈黄色时捞到盘中,用尖刀从腹部划开。

**温馨提示:**

八宝糯米鸭具有调理营养不良功效,具有健脾开胃、滋阴、补虚、养身等作用,但胃寒、消化不良、高血压高血脂者不宜多食。

## 四、红烧鮰鱼

鮰鱼历来被视为鱼中之上品,它与刀鱼、鲥鱼共称长江口三宝。宋代文豪苏东坡品尝鮰鱼后,曾写下《戏作鱼一绝》的诗句:"粉红石首仍无骨,雪白河豚不药人,寄语天公与河伯,何妨乞与水精鳞",赞颂鮰鱼的美味。

红烧鮰鱼,卤汁鲜稠味浓,鱼块晶亮泽润,色型美观。口感滑嫩鲜香,油而不腻,鱼皮还特别有韧性,因为刺少,有也是那种大刺,不容易发生意外。

**所属菜系:**上海菜

**所属类型:**地方特色菜

**所属技法:**红烧类

**原料:**鮰鱼中段500克。

**调料:**熟猪油50克、料酒25克、精盐5克、酱油20克、海鲜酱15克、白糖8克、味精3克、胡椒粉1克、鱼汤300克、葱香油15克、葱白段5克、生姜片3克、蒜头7~8粒、葱结15克、姜片5克。

**烹制过程:**

(1)将鮰鱼去头尾,取中段剁成4厘米见方的块,用葱姜汁、黄酒、胡椒粉略腌,焯水去腥。

（2）炒锅置旺火上烧热，下入熟猪油 50 克，加蒜头、葱段、姜片入锅炝锅爆香，将鮰鱼块倒入锅内，加入黄酒、猪骨汤（以淹没鱼块为度）、酱油、白糖、海鲜酱、糖色各适量，加盖后中火焖烧，大火收汤至自来芡抱紧鱼块，放葱丝淋葱香油后出锅装盘。

**质量要求：** 色汁红润，咸鲜微甜，浓如胶质，口感细腻，入口即化。

**工艺关键：**

烧煮鮰鱼的关键在于独特的烹调技艺"两笃三焖"，也即火功火候，如一盆鮰鱼至少要烧上半个小时（养殖鮰鱼焖烧约 6 分钟），其中两次用旺火，每次二三分钟，大部分时间用文火焖，但必须用旺火间隔二到三次，使鱼块完整而鱼肉酥绵细腻、性糯，鱼汁自然成芡为佳。

（1）加蒜久烧去腥气。烧鮰鱼火不宜大，烧的时间要长一点，最好放多一点蒜头。长江下游鮰鱼总带腥味，因为鮰鱼是深水鱼，身体上没有鳞片，土腥气非常重。

（2）本帮红烧之法简单说来无非是"文火入味、大火收汤"，不过具体到红烧这道鱼菜时，就不简单了。这里鱼只焯水而不过油，爆锅之后再下鮰鱼，随即加入高汤和各种调味料，然后加盖焖烧。

（3）鮰鱼因其肥嫩细腻，脂肪含量较多，所以它的烧法最大的特色是"自来芡"，不放粉芡，全靠原料和调料在锅中复合成浓稠的芡汁。

**温馨提示：**

鮰鱼含有较多的蛋白质、维生素，脂肪由不饱和脂肪和脂肪酸组成，容易被人体吸收。红烧鮰鱼以色、香、味、形俱佳为鱼宴上品。鮰鱼类菜肴除红烧菜较为有名外，还有"白汁"烧法，又称凝质，已濒于失传。

### 五、南乳盘龙鳝

**所属菜系：** 上海传统菜

**所属类型：** 地方特色菜

**所属技法：** 红烧类

**原料：** 河鳗 1 条约 600 克。

**调料：** 香葱节 10 克、南乳汁 150 克、黄酒 20 克、精盐 5 克、白砂糖 20 克、味精 3 克、老抽 5 克（调色）、水淀粉 25 克。

**烹制过程：**

（1）河鳗宰杀后，在肛门处横割一刀，竹筷从肛门处插入至腮部卷出内脏后洗净。

（2）用 80℃热水将河鳗略烫去表面黏液。

（3）将河鳗两侧剖牡丹花刀（带弧度斜 25°，进刀批，深约 2 厘米），随后盘起并用牙签固定头部(头部向上昂起)。

(4) 锅置火上烧热,加油至六成热,下盘好的河鳗,半煎炸约30秒,倒入漏勺内沥油;锅洗净放少许清油,煸香葱姜加入河鳗(背朝下),烹黄酒,加南乳汁、老抽、盐、糖、水(水量略过原料),大火烧开转小火焖至熟(约25分钟)。

(5) 去除葱姜,加味精,开大火收浓卤汁,用湿生粉勾芡,淋少许清油再大翻身出锅装盘。

**质量要求:**色泽红亮,味鲜质嫩,咸中带甜。

**工艺关键:**

(1) 去表面黏液时,水温不宜过高(80℃),否则表皮易皱易破。

(2) 剞刀时碰到龙骨,要向前剞深一些约0.5厘米。

(3) 烧时掌握火候、时间,过久鱼身宜碎,反之肉质老,鳗鱼必须保持酥嫩口感。

**温馨提示:**南乳河鳗是高级烹调师考试菜之一,要求掌握火候的控制,大火烧沸,小火焖酥,再大火收汁勾芡。关键难度是大翻,勾芡后淋少许油,只要能旋锅转动原料即可,否则油水太多,大翻时会因出现溅汁而烫伤自己。

## 六、虾籽大乌参

虾籽大乌参,始于20世纪20年代末。由上海德兴馆名厨杨和生和蔡福生创制。40年代时又传至香港。鲁迅、白杨、周信芳等许多著名人士,都前往德兴馆品尝过。几十年来,此菜一直盛名不衰。

虾籽大乌参,堪称为菜肴中天下发第一参,要做好这道菜有五个环节:火烤、修整、涨发、浸漂、烹调。前四环是基础,后一环是关键。

**所属菜系:**上海菜

**所属类型:**地方特色菜

**所属技法:**焖烧类

**原料:**大乌参1只约150克。

**副料:**干河虾籽5克、菜心12棵、五花肉500克。

**调料:**黄酒25克、酱油25克(生抽1:老抽1)、白砂糖15克、葱结1小捆、湿生粉25克、精制油适量。

**烹制过程:**

(1) 将整只大乌参,用小火烧烤,至外皮呈焦色,取下。用刀刮去硬壳,再浸水隔夜(放入冷水中浸八九个小时),再换清水在旺火上烧开,晾凉后取出,剖肚挖去内脏,再用剪刀剪去四边硬皮;放入大号电饭煲加水烧滚、保温,重复三四次至软身(用手指压一坑可马上还原)再洗净,放入冷水中漂浸待用。

(2)将五花肉洗净,切成 4 厘米见方的块,加葱姜、黄酒、酱油、水过原料 2 倍,微火慢炖出炒肉卤250~300 克(或用红烧肉卤)。

(3)干河虾籽加葱姜汁、黄酒上笼蒸 3 分钟。沸水锅加少许清油、盐、味精、糖,咸而微甜为最佳,放入菜心煮 10 秒捞出待用。

(4)锅置火上,放入熟猪油烧至五六成热,放入葱结炸出香味,即成葱油。

(5)锅置旺火上,加油至 8 成热时,将大乌参皮朝上放在漏勺里,浸入油锅,并将漏勺轻轻抖动,炸到有微小爆裂声时,捞出沥油;再用滚水、姜汁、黄酒焯水去腥。

(6)锅洗净加少许油,放入大乌参(皮仍朝上),加黄酒、炒肉卤(或红烧肉卤)、白砂糖、蒸发过的虾籽,烧沸后加盖小火焖至入味、汤稠约 20 分钟;将大乌参捞起,沥净卤汁装在长腰盘中;大乌参卤汁加味精,用湿生粉勾稍厚的芡(糊芡),加适量滚烫的葱油,捞透推匀后,淋浇在大乌参上面,围上菜心即可。

**质量要求:** 色泽红亮、软糯酥烂、酱香醇厚、卤汁稠浓、咸中微甜。

**工艺关键:**

(1)发大乌参要先烧皮,使表皮炭化,后刮净焦化的表面。

(2)烧时一定要用文火焐透约 20 分钟,酥而不烂。

(3)虾籽最好选用太湖伏盆子,鲜香少腥。虾籽加葱姜汁、黄酒略蒸去腥增香。

(4)海参无鲜味,故辅料、烹调很重要,要用炒肉卤辅味。

(5)《随园食单》提到"海参为无味之物,沙多气腥,最难讨好,然天性浓重,断不要以清汤煨也。"海参水发后总有喇涩味,口感难受,清水煮沸,反复三次,以期洗净消腥,至肉质柔软,浸于清水待用。

**温馨提示:**

虾籽大乌参是传统上海菜代表菜之一,此菜乃是上海菜百年老饭店看家菜之一,海参软糯而不烂,口味醇厚,抖动时像一片云彩,整个面一起舞动,显示出良好的厨艺功底,也是高级烹调师的考试菜之一,现在上海老饭店做此菜,先将海参卤料加葱段姜片烧沸待凉,大乌参过油,焯水放入冷汤内浸渍4~5 小时(热料冷浸,充分吸味,且可保持形态完整),出菜前再煨烧 20 分钟,烧至汤稠,其他同上效果极佳。

### 七、蟹粉鱼翅

**所属菜系:**上海菜

**所属类型:**地方特色菜

**所属技法:**烩菜类

**原料:**水发鱼翅 100 克。

**副料:**河蟹肉 75 克。

**调料:**葱花 3 克、姜末 5 克、黄酒 10 克、胡椒粉 2 克、盐 5 克、味精 2 克、白砂糖 2 克、湿生粉 25 克、高汤 400 克、精制油 75 克。

**烹制过程:**

(1) 将大闸蟹蒸熟、拆肉(脚肉不用);将鱼翅用清水焯 2 次,洗净,再放入清水锅中加葱结、姜片、黄酒煮透去尽腥味,捞出待用。

(2) 烧热锅后放清油 75 克,至四成热时,放入葱花、姜末煸香,随即将蟹黄、蟹肉下锅煸炒出蟹油,盛入碗待用。

(3) 锅中加入黄酒,加胡椒粉、盐、糖、高汤、鱼翅烧沸,用湿生粉勾流芡,再淋上蟹油即成,装 12 寸鲍鱼盆。

**质量要求:**色泽金黄,软糯爽滑,鲜咸合一。

**工艺关键:**

(1) 蟹粉要用活蟹拆肉,冰冻后会有腥味,蟹粉也可先煸炒去水分,封油保存。

(2) 鱼翅一定要去尽腥味。

(3) 鱼翅本无味,要用高汤烧制。

(4) 出锅前可淋少许香醋,去腥增香。

**温馨提示:**此菜是上海梅龙镇酒家看家菜之一,起名为"大展鸿图",也是高级烹调师考试菜之一,此菜要求成品不腥,有蟹香味,口味醇厚,勾芡厚薄掌握至关重要,烧沸后关火勾流芡以防结块,再顶火至沸,淋少许香醋(有醋香,味不酸)推匀,再淋少许蟹油即可。

### 八、水晶虾仁

**所属菜系:**上海菜

**所属类型:**地方特色菜

**所属技法:**滑炒类

**原料:**高邮冻河虾仁 500 克/袋、鸡蛋一只。

**调料:**精盐 3 克、味精 2 克、生粉 5 克、麦淀粉少许、湿生粉 3 克、胡椒粉少许。

**烹制过程:**

(1) 河虾仁自然解冻,加生粉、盐、适量清水轻搓慢揉,至无白点,漂洗干净沥干。

(2) 沥干虾仁加盐、味精、胡椒粉拌匀,倒入塑箩内下放垫盘,放入 0℃冰箱内 4 小时,水分滴尽。

(3) 鸡蛋清 1/3 只,加入麦淀粉拌成糊状,与上味的虾仁拌匀,淋少许清油待用。

(4)锅置火上烧热,用油滑锅至四成热时,倒入虾仁划碎变乳白时倒入漏勺内沥油,再入锅用少量湿淀粉勾芡颠匀装盘即可。

**质量要求:**色,洁白剔透;质,润滑富有弹性;味,咸鲜。

**工艺关键:**

(1)虾仁上浆前水分要沥干或吸干。

(2)虾仁颠锅前需加少量清油,否则会焦化发黑。

**温馨提示:**虾仁用途广泛,可滑烧、爆炒、脆熘、制虾茸等。如:爆炒虾球、锦绣虾面、咕咾虾球等。

# 第二节 上海海派菜肴

## 一、鲜花椒煮象拔蚌(二吃)

**所属菜系:**新派上海菜

**所属类型:**地方特色菜

**所属技法:**汤浸类

**原料:**加拿大(白)象拔蚌1只约900克。

**副料:**银芽200克。

**调料:**姜片、葱段、蒜片各15克,京葱丝35克、红椒丝、姜丝各20克,香菜20克,青花椒1小串、干辣椒3只、生抽20克、味精2克、盐5克、高汤600克、精制油50克、花椒油10克。

**烹制过程:**

(1)象拔蚌去壳,蚌肚另用,取肉并用开水略烫。

(2)去除表皮,用刀顺中间剖开,抹去表面一层衣,洗净。批成薄片浸入冰水,待用。

(3)银芽入沸水焯水,倒出沥干水分,装入碗盅内;青花椒焯水(否则做汤时,汤色会发黑)待用。

(4)锅置火上,加水烧沸,关火,再加一勺水(水温保持约85℃),下象拔蚌片,抖开即可,倒出沥水,放在银芽上。

(5)锅烧热下少许油,加入干椒、蒜片、葱段、姜片爆,加适量高汤及焯过水的青花椒,小火略滚,加入生抽、盐、味精等调料,淋上花椒油出锅装盘或直接冲入碗盅内;京葱、姜丝、红椒丝洒在面上,浇上热油(精制油50克),香菜起点缀即可。

**质量要求:**色,白中透粉;质,鲜嫩爽脆,富有弹性;味,椒香咸鲜微麻辣。

**工艺关键:**

(1)象拔蚌要鲜活,蚌肉要去除外膜,切好后要及时放入冰水中泡洗干净,去除腥味。

(2)煮象拔蚌水温要保持约85℃,否则会影响成品的口感,质地发韧、发硬。

(3)象拔蚌片要厚薄均匀,否则会产生老嫩不均。

（4）做汤时要开小火，保持汤水略滚，否则汤汁不清。

**温馨提示**：类似做法还有很多，如：水煮竹蛏皇、水煮娃娃蚌、水煮响螺片等菜肴。

## 二、象拔蚌泡饭

**原料**：象拔蚌肚 1 个及碎料。

**副料**：草菇 25 克、芹菜末 50 克、青菜 100 克、生姜丝 10 克、香米 500 克。

**调料**：上汤 750 克、黄酒 15 克、盐 5 克、味精 3 克、胡椒粉适量。

**烹制过程**：

（1）将蚌肚切成指甲片，用生姜、生粉、白酒、盐腌制，备用。

（2）草菇洗净剖开切碎焯水，菜胆切丝，芹菜切粒待用。

（3）将香米入油锅炸成焦黄色。

（4）洗清蚌肚片腌料，焯水捞出。锅置火上，加入高汤、炸米、蚌肚片煮至米粒开花，加姜丝、黄酒、盐、胡椒粉、草菇、芹菜末，略煮加入味精、青菜丝，烧开装碗即成。

**质量要求**：色，金黄翠绿；质，清香软糯；味，鲜咸可口、米香扑鼻。

**工艺关键**：

（1）煮泡饭时，米粒开花即可，时间过久则糊成粥。

（2）菜丝要最后放，保持翠绿。

（3）象蚌肚片要腌制去腥清洗干净。

## 三、冰镇澳洲鲜鲍鱼

**所属菜系**：新派上海菜

**所属类型**：地方特色菜

**所属技法**：冰镇类

**原料**：预制鲜鲍 1 只（活鲍约 750 克）。

**副料**：碎冰一桶、鲜柠檬叶、葡萄、洋兰、柠檬片、胡萝卜丝等适量。

**调料**：日本淡口酱油一味碟、绿芥末酱（约 5 克）。

**烹制过程**：

（1）碎冰铺垫在寿司木盘或深盆中，铺平。

（2）将 1 只鲍鱼批成薄片 8 片（剖二批四，计 8 片）或 3 只批成 20～24 大薄片。再叠成孔雀开屏状或碗状，摆放在碎冰上，适当用鲜柠檬叶、葡萄、洋兰、柠檬片、胡萝卜丝等点缀围边即成。

（3）跟碟为一半是日本淡口酱油，一半是绿芥末酱。

**质量要求**：色，酱黄；质，软，有弹性；味，鲜香醇厚；形，拼摆要有型。

**工艺关键**：

（1）预制鲍鱼。

原料:澳洲鲜鲍鱼600～750克/头30只、老母鸡半只约3.5斤带骨头、火腿1.5斤、五花肉2斤、猪龙骨2.5斤、猪肉皮1斤、猪肥膘1斤。

调料:炸姜片250克、炸葱头250克、小香葱1斤、花雕酒250克、老抽100克、冰糖50克、味精75克、鸡粉150克。

**预制工艺过程:**

• 鲍鱼去壳、肚、尾部后洗干净,用盐、食粉搓洗至鲍身无黑衣,冲洗干净。焯水定型,待凉捞出放在冰水中浸泡(约4小时)。

• 火腿、老母鸡、猪龙骨、五花肉斩成块,肉皮、肥膘切成小块,焯水洗净待用。

• 取钢桶一个,用竹篾垫底加水,将焯过水的原料,按带骨垫底的原则逐一加入。大火烧开,中火翻滚1小时左右,放入炸姜、炸葱头、花雕酒、鲍鱼等,小火焖6小时;加老抽(着色用)、精盐、冰糖、味精、鸡精继续焖1～2小时。待凉取出即成。

(2)鲍鱼一定要清洗干净,去嘴壳,再定型。

(3)定型水温保持70～80℃为好,否则鲍鱼裙边容易爆裂。

(4)定型,也可用花雕酒、老抽上色,过油定型。

(5)鲍鱼用竹篾夹在一起,可防鲍鱼裙边脱落。

**温馨提示:**

适合冰镇款式菜肴有许多,如:冰镇刺身鲜鲍鱼(调料:清酒、味精、淡口酱油、芥末、干贝素等)、冰镇大黄螺、冰镇芥蓝菜等。

## 四、丰收葵花鲍

**所属菜系:**新派上海菜
**所属类型:**地方特色菜
**所属技法:**蒸炒类
**原料:**海皇鲍1罐、泰国香米饭8两、水发大香菇1.5两、青豆1两。

**调料:**上汤150克、鲍汁酱10克、精盐2克、白砂糖5克、鸡汁8克、风车牌湿生粉30克、鲍鱼汁50克、味精3克、胡椒粉适量。

**烹制过程:**

(1)海皇鲍原罐上笼蒸2小时左右,取出沿鲍鱼裙边修成椭圆形,切成薄片加鲍汁蒸透。

(2)绿叶菜修成葵花叶形,开水略烫摆放在圆盘边沿处,蒸透的鲍片围在里圈。

(3)用上汤、鲍汁酱、精盐、味精、糖、鸡汁、湿生粉勾成玻璃芡,浇淋在鲍片上。

(4)香菇批成薄片切丝,鲍鱼、香菇边角料切粒。

(5)鲍粒、香菇粒、青豆、米饭炒成鲍鱼饭,扣在盘中央,用香菇丝隔成网格状,青豆嵌入网内即成。

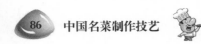

**质量要求**：造型美观,形如葵花,鲍汁味浓,鲜香合一。

**工艺关键**：

(1) 鲍鱼要蒸制定型,蒸制过程中要把蒸箱门打开一条缝,否则鲍鱼裙边容易爆裂。

(2) 鲍鱼要修圆整,切片厚薄均匀。

(3) 小火勾芡,以防汤汁浑浊。

**温馨提示**：切片鲍鱼造型有许多,如:孔雀开屏形、荷塘月色形、渔家船舶形等造型的鲍鱼菜肴。

## 五、风情虾球

**所属菜系**：新派上海菜

**所属类型**：地方特色菜

**所属技法**：炸类

**原料**：虾仁 10 粒(41～50 粒/500 克)。

**副料**：春卷皮 4 张、脆浆糊适量、芹菜叶 10 片(最好柠檬叶)。

**调料**：家乐牌蛋黄酱 50 克、炼乳 10 克、柠檬汁适量、巧克力酱适量。

**烹制过程**：

(1) 春卷皮用花边圆模压片,放入蛋塔模内压成一个模,入油锅炸成小雀巢形。

(2) 蛋黄酱加入炼乳、柠檬汁调匀。

(3) 虾仁上浆入味后挂脆浆糊,入油锅炸成金黄色的虾球。

(4) 虾球裹上调匀的蛋黄酱后,放入小雀巢内,裱上巧克力酱,用蔬菜叶点缀即可。

**质量要求**：形态美观,口感香甜。

**工艺关键**：

(1) 脆浆糊:低筋粉 500 克、糯米粉 25 克、生粉 25 克、泡打粉 50 克、清水和粉基本等量、盐 5 克、清油 25 克。

(2) 炸雀巢时注意油温与时间,以防颜色发黑。

**温馨提示**：此类用蛋黄酱型菜肴,可用虾仁,也可用其他原料,如:鲜贝、蘑菇等。

## 六、蟹粉灌汤虾球

**所属菜系**：上海菜

**所属类型**：地方特色菜

**所属技法**：炸菜类

**原料**：河虾仁 400 克、墨鱼身 100 克、肥膘 50 克、鸡蛋清 1 只、自拆蟹粉 50 克、咸切片面包 7 片(约 250 克)、走地鸡加猪皮制成鸡汤冻 250 克。

**调料**：生粉 15 克、精盐 3 克、鸡粉 2 克、黄油 15 克、姜末 5 克、黄酒 5 克、生抽 5 克、胡椒粉 1 克。

**烹制过程：**

（1）将墨鱼身去衣切成薄片，再切成碎粒；苏北河虾仁用刀背拍碎与肥膘一起放入粉碎机内，搅成茸取出，加入鸡蛋清、盐、鸡粉、生粉拌上劲待用。

（2）咸切片面包用锯切刀法切成绿豆粒，鸡汤冻切成丁粒。

（3）锅烧热，下黄油姜末煸香，加入蟹粉略煸，加黄酒、生抽、胡椒粉炒透（出红油即可）出锅待凉入冰箱急冻。

（4）将拌过味的虾胶挤成30克重的丸子，包入炒过的蟹粉、鸡汤冻粒，封口倘成圆球形，滚上面包粒。

（5）锅置火上加热，将精制油烧至三成热时放入虾球，炸至虾球浮出油面1/3以上，开中火，将油温升至五成热，炸成金黄色捞出沥干油（用吸油纸吸尽余油）摆盘装饰即成。

**质量要求：**色，金黄；质，外脆里嫩、汤汁醇鲜；味，咸鲜。

**工艺关键：**

（1）咸切片面包要求不含糖的，否则在油锅里炸易发黑，因为糖分在高温下会炭化，影响口感与色泽，面包粒最好是隔夜切好风干。

（2）虾球入锅时油温一定要低，否则容易外焦里不熟；油温太低，虾球面包粒会掉。一般以虾球入油，四周微微起小泡即可。

**温馨提示：**油炸虾球滚料，可用面包粒，也可滚馒头粒、土豆丝、地瓜丝、腐皮丝、威化纸丝等（瓜丝类要飞水，去掉淀粉质否则会发黑的）。

## 七、鸿运捞鱼生

**所属菜系：**海派上海菜

**所属类型：**地方特色菜

**所属技法：**冷吃拼摆类

**原料：**新鲜三文鱼净肉250克。

**副料：**红椒1只、黄椒1只、西芹梗2根、白萝卜50克、京葱50克、胡萝卜35克、薄脆或花生碎35克、香菜叶20克、奇异果2只（围边用）。

**调料：**辣根5克、白醋20克、花生酱15克、芝麻酱10克、日本淡口酱油15克、美极鲜酱油10克、砂糖5克、味精3克、麻油10克、橄榄油15克、红乳汁10克、广合腐乳1小块。

**烹制过程：**

（1）将各种辅料切成细丝分别放入净水中浸泡，使其卷曲。

（2）将三文鱼切成2毫米厚的长椭圆片，摆放在16寸圆盘，沿盘用奇异果围边，中间堆放各种蔬菜丝及薄脆。

（3）取5个味碟，白醋与辣根、美极鲜酱油与花生酱、红乳汁与广合腐乳；麻油、橄榄油分别装碟，与三文鱼盘一起上桌，由服务员浇淋在三文鱼上即成。

**质量要求：**色彩鲜艳，造型美观，肥嫩爽脆，味鲜香醇。

**温馨提示：**

此菜名称有"讨口彩"的寓意，宾客一起用筷子捞出，寓意"风生水起、大吉大利、来年好运"，故深受宾客欢迎。三文鱼含有丰富的不饱和脂肪酸，每 100 克挪威三文鱼约含 Omega-3 不饱和脂肪酸 2.7 克。Omega-3 不饱和脂肪酸有降低高血压、胆固醇的含量及降低心脏病的发病率的功效。

## 八、椒盐大黄蛇

**所属菜系：** 新派上海菜

**所属类型：** 地方特色菜

**所属技法：** 炸菜类

**原料：** 人工饲养大黄蛇 5.5 斤/条。

**副料：** 青椒 1 只、红椒 1 只、洋葱 1/4 只、小葱 25 克。

**调料：** 椒盐适量。压料：麦芽糖 50 克、火腿块 250 克、花雕酒 50 克、姜块 350 克、食粉 20 克。浸料：清水 400 克、老抽 25 克、生抽 75 克、鱼露 125 克、白砂糖 125 克、万字酱油 200 毫升、胡椒粉少许。

**烹制过程：**

（1）将大黄蛇宰杀去内脏、皮洗净，去尾略带斜角 25°切成 10 厘米长（约 14 段）；青红椒、洋葱切丝，小葱切段。

（2）取 32 厘米高压锅一只，加半锅二汤，加入压料，放入大黄蛇段，烧开（有叫声），关火焖 10 分钟取出。

（3）将浸料烧开待凉，浸入压过的大黄蛇段 3～5 分钟取出。

（4）锅置火上，油烧至七成热，下大黄蛇炸至皮脆倒出，沥干油。留余油少许，加洋葱丝、葱段，煸出香味，放入蛇段撒上味椒盐颠锅翻匀摆盆，中央放青红椒丝，堆成圆锥形，蛇段呈放射形摆放即成。

**质量要求：** 造型美观、色泽金黄、鲜香脆嫩。

**工艺关键：**

（1）高压锅使用时，不能离开操作人员的视线，注意安全。

（2）油炸大黄蛇，掌握好油温和时间（30 秒钟），以免肉质变老。

**温馨提示：** 大黄蛇尾不要丢弃，可以做蛇碌煲及卤水蛇碌冷盘；选用猪肋排也可以做出相应的口味。

## 九、芒果墨鱼球

**所属菜系：** 上海菜

**所属类型：** 地方特色菜

**所属技法：** 炒菜类

**原料：** 净墨鱼片 300 克、虾仁 150 克、肥膘 50 克、马蹄 3～4 粒、鸡蛋 1 只、糯米纸 3 张。

**副料：** 芒果 60 克、黄油 25 克。

**调料:**精盐 4 克、葱姜黄酒汁 5 克、鸡粉 2 克、生粉 7 克、胡椒粉少许。

**烹制过程:**

（1）将去皮马蹄切成幼粒,芒果切成小丁粒与黄油拌匀,冰镇待用。

（2）糯米纸切成一寸长的细丝。

（3）将肥膘切碎,墨鱼切成小块,虾仁拍破,然后放入搅拌机内打成茸。

（4）将墨鱼茸放入码斗内,加盐、鸡粉、葱姜酒汁、胡椒粉、1/3 只鸡蛋清、生粉搅匀,搅拌至起胶后加入马蹄粒拌匀,放入冰箱内冷藏待用。

（5）将墨鱼胶挤成 30 克重的丸子(12 粒),包入 5 克黄油芒果陷,裹上糯米纸细丝。

（6）锅置火上,加清油至三成热,放入墨鱼球,小火慢炸至熟,捞出吸干油,摆盘,适当围边即成。

**质量要求:**色泽金黄,形态美观,鲜嫩味美。

**工艺关键:**炸时注意掌握油温,过火颜色易变深。

**温馨提示:**墨鱼虾胶可做球、丸、饼等形状,如:炸烹墨鱼饼,鸡茸墨鱼丸,香炸墨胶条等。

## 十、网罗群鲜

**所属菜系:**新派上海菜

**所属类型:**地方特色菜

**所属技法:**炒菜类

**原料:**草虾 6 只、大连鲍 5 只、墨鱼 60 克、蜗牛 60 克、蛏子王 60 克、彩椒(红、黄、绿)75 克、葱段、生姜 5 克、花椒 5 克、(双人牌)淡黄色丝绸皮 2 张、番茜 2 片、洋兰花 1 朵。

**调料:**黄酒 10 克、家乐辣鲜露 10 克、鸡粉 3 克、味精 2 克、(金钻牌)黑胡椒碎少许、湿生粉 20 克。

**烹制过程:**

（1）草虾去壳留尾,墨鱼切成梳衣片,蜗牛切成小块,鲍鱼剞十字花刀,蛏子"飞水"取蛏头,彩椒切条块。

（2）所用食材焯水待用。锅置火上,加油至五成热,加入各种原料滑油,倒出沥净油;锅留余油放入小料煸香,入已滑油的原料,倒入兑汁,翻炒几下,撒上黑胡椒碎,装入网箩内即可。

**质量要求:**色泽艳丽、鲜辣咸香、质脆爽口。

**工艺关键:**

（1）制作网箩要包在竹网卷外定型,趁热抽出。

（2）海鲜类"飞水"可加姜汁酒去腥。

（3）(双人牌)丝绸皮 2 张,颜色有黄、红、绿等。

**温馨提示:**网箩是一种造型,也可做成雀巢状。每人每盅也可用彩椒、香橙、西红柿等代替。

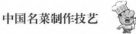
## 十一、鱼面筋

**所属菜系:**新派上海菜
**所属类型:**地方特色菜
**所属技法:**炒菜类
**原料:**青鱼净肉 500 克。
**副料:**鸡蛋清 5 只、油膘 50 克、荸荠 75 克、淀粉 40 克。

**调料:**精盐 1 茶匙、黄酒 10 克、味精 2 克、葱姜汁 25 克、胡椒粉 1 克、冰屑 200 克。

**烹制过程:**

(1)青鱼肉用冷水浸泡 20 分钟,吸干水分,然后用制茸机将鱼肉、油膘、荸荠分别制成茸状。将三者放入干净的盆中,依次加盐、味精、黄酒、葱姜汁、鸡蛋清、淀粉、胡椒粉搅拌均匀至起泡。

(2)锅置火上,加精制油,加热至四至五成热时,用手把青鱼茸攒成球形,下热油锅中浸炸至金黄色时捞起,沥油即成。

**质量要求:**

(1)鱼面筋保持鲜嫩爽滑肥腴的口感。

(2)青鱼在制茸机搅制时加入适量冰屑,防止发热。青鱼茸在 4℃左右,因盐的渗透作用下,能最大限度地析出肌球蛋白,吸附更多水分,使鱼茸更嫩滑。

(3)肥膘、荸荠的加入能增加鱼面筋爽脆滑嫩的口感。

(4)蛋清是呈半流态的胶体结构。蛋清含有完全蛋白质,少量的脂肪、矿物质和维生素,基本不含胆固醇。蛋清在泥茸中受到震荡或遇热,就会膨胀凝固,阻止传热介质或水的浸入,阻止原料本身的水分外溢,起到了一个内外界的屏障作用。蛋清凝固后也能增加成品鲜嫩滑爽的口感。

(5)淀粉加水拌稀,在鱼茸中受热糊化时具有较强的黏稠度,使原料保持水分不流失,制成鱼面筋后柔软爽滑,并且不易松散。

**工艺关键:**

(1)选用新鲜青鱼中段,并把它放入冰箱冷藏 2～3 小时,使青鱼经过排酸处理后再进行浸泡。

(2)鱼肉浸泡后攒干水分,在制茸时加点冰屑,使成品更加鲜嫩。注意冰屑应分几次加入,以保持相对低温,使鱼茸充分吸水。

(3)淀粉事先用 50 克鲜汤稀释一下,再加入鱼茸中;鸡蛋清一定要选用新鲜的。

(4)浸炸时油温不可过高也不可偏低,过低鱼面筋易散,过高会焦煳,从而影响口感。

(5)鱼面筋最好现烹现做,才能保持鲜美无比的口感。

## 第三节　川帮菜肴

### 一、干煸牛肉丝

**所属菜系:**四川菜

**所属类型:**地方特色菜

**所属技法:**煸炒类

**原料:**牛腿肉 250 克。

**副料:**芹菜 50 克、胡萝卜 25 克。

**调料:**泡红辣椒丝 5 克、郫县豆瓣酱 20 克、酱油 10 克、黄酒 25 克、米醋 6 克、白砂糖 8 克、辣椒粉 10 克、花椒粉 3 克、蒜泥 3 克、姜末 5 克、葱花 3 克、味精 2 克、麻油 15 克。

**烹制过程:**

(1) 牛腿肉去筋,按斜纹理切成长 7 厘米,粗 0.3 厘米(粗如火柴梗)的丝。

(2) 芹菜洗净后用刀拍松,切成 4 厘米长的段;胡萝卜去皮切成 4 厘米长、0.3 厘米见方的丝。

(3) 锅置火上,用少量精制油,加芹菜、胡萝卜略煸,加盐、味精至八成熟即可,倒出待用。

(4) 锅炒热后加精制油一勺约 200 克,烧至四成热时将牛肉丝下锅;先用中火不断用铁勺煸炒,待牛肉丝水分已干,即起酥时,滗去多余的油。

(5) 将牛肉丝推一边,放入蒜泥、姜末、辣椒粉、剁细的豆瓣酱,煸出红油后加黄酒、酱油、糖,用小火爁入味,加味精、泡椒丝、葱花、麻油,待牛肉丝回软时,撒上花椒粉翻炒几下,加入已煸过的芹菜丝、胡萝卜丝翻炒匀,淋米醋,起锅淋红油,装有围边的盘即成。

**质量要求:**色泽褐红,软韧酥香,麻辣略带甜酸味。

**工艺关键:**

(1) 牛肉丝不要顶丝切或太细,否则煸干后易碎。

(2) 牛肉丝煸后因大量的水分中含蛋白质,易黏锅,中途可换锅一次。

(3) 煸炒过程,注意加热火候控制。牛肉丝出水,水油乳化,见不着油;水分蒸发,见着油;黏锅底可换锅,牛肉丝转褐色,滗去多余的油。

**温馨提示:**干煸牛肉丝是高级烹调师考试菜之一,对火候运用要求较高,注意不要煸过火而发柴影响质地;豆瓣酱含盐量较多,用量以牛肉丝原料的 1/12 为佳。

### 二、川菜干烧冬笋

**所属菜系:**新派川菜

**所属类型:**地方特色菜

**所属技法:**煸炒类

**原料:**冬笋肉 500 克。

副料：川冬菜 25 克，开洋 15 克。

调料：酱油 10 克、黄酒 40 克，白糖、素汤各 30 克，麻油、花椒油各 10 克，郫县豆瓣 20 克，盐、葱、姜各 5 克。

**烹制过程：**

(1) 将冬笋切片，拍松再切成粗长条。

(2) 郫县豆瓣酱剁碎；川冬菜、开洋、葱姜切末。

(3) 油锅上火，烧至七成热，下入冬笋，炸至冬笋边角起焦黄，倒出沥油。

(4) 锅留余油，将开洋煸去腥味，喷黄酒扒在锅一边；再用葱末炝锅，下豆瓣酱炒出红油，加料酒、素汤、盐、白糖、酱油，烧开下入冬笋，用文火烧至汁尽油清时，淋几滴麻油装盘即成。

**质量要求：** 色，淡酱黄；质，爽脆；味，鲜香咸鲜、略带麻辣。

**工艺关键：**

(1) 冬笋切条要拍松，便于烹制入味。

(2) 开洋一定煸出腥味，喷酒去腥。

**温馨提示：**

食用冬、竹笋前，要先用开水把笋烫 5～10 分钟，然后再配其他食物炒食。这样既可利用高温分解大部分草酸减少涩口感，味道更鲜美。川菜作为我国四大菜系之一，取材广泛，调味多变，菜式多样，口味清鲜醇浓并重，以善用麻辣著称。并以其别具一格的烹调方法和浓郁的地方风味，融合东南西北各方菜肴的特点，博采众长，善于吸收，善于创新，享誉中外。

## 三、五仁陈皮虾

**所属菜系：** 海派川菜

**所属类型：** 地方特色菜

**所属技法：** 炒菜类

**原料：** 活虾仁 110～120 只/斤 250 克。

**副料：** 白芝麻、小花生、松仁、杏仁、瓜仁共 35 克。

**调料：** 九制陈皮 10 克、干辣椒碎（2 根）15 克，蒜泥、姜末各 2 克，黄酒 10 克、酒酿汁 10 克、生抽 5 克、糖 5 克、味精 1 克、香醋 5 克、花椒粉 1 克、麻油 5 克、葱花 20 克、姜末 20 克。

**烹制过程：**

(1) 将洗净的活河虾，除去须、脚，冲洗干净待用。

(2) 将五仁烤或炸熟，用吸油纸，吸干油脂待用。

(3) 锅置旺火上，下精制油 1000 克，烧至七成热；将加工过的河虾，推入油锅，炸熟（约 12 秒钟），倒入漏勺内沥干。

（4）锅内留余油 15 克，下干椒碎煸成棕红色，再下花椒煸香，随即下河虾、姜末、葱花、黄酒、九制陈皮末、精盐、酒酿汁，用小火慢慢收汁入味；待汤汁将干时，下白砂糖、味精、芝麻油炒匀，淋上香醋，撒上五仁装盘，适当围边。

**质量要求：**色泽红亮，壳脆肉嫩，陈皮芳香，麻辣略带甜酸感。

**工艺关键：**

（1）炸烹时油温不宜过高（六～七成），时间 12 秒钟为佳。

（2）汁水一定要小火，慢收汁。

**温馨提示：**以此法烹调的菜肴还有，如上海传统名菜油爆河虾、椒盐美极虾、南乳基围虾等。

# 第四节　广帮菜肴

## 一、豉汁白鳝球

**所属菜系：**新派粤菜

**所属类型：**地方特色菜

**所属技法：**滑炒类

**原料：**河鳗肉 200 克、鸡蛋清 1/2 只、味精 2 克、精盐 2 克、胡椒粉少许、生粉 1 匙。

**副料：**青椒 25 克、红椒 25 克。

**调料：**葱段、姜片、蒜茸各 5 克，炒制豆豉茸 1 茶匙、盐 3 克、蚝油 1/2 茶匙、鸡粉 2 克、胡椒粉 1 克、黄酒 5 克、白砂糖 2 克、湿生粉 20 克、二汤 25 克。

**烹制过程：**

（1）河鳗宰杀，放血去内脏，洗净后去头尾，中段去龙骨及肚腩骨刺，切成两片鱼柳。

（2）用刀剞十字花刀，成长 4.5 厘米等腰梯形；用盐、味精、黄酒、胡椒粉、蛋清、生粉上浆待用；青红椒切成三角形。

（3）锅烧热，滑油放入精制油，加热至四成热时，将白鳝球放入，待断生时把青红椒放入，约 5 秒钟倒出沥干油。

（4）锅内留底油约 1 匙，放入葱姜蒜茸、豆豉煸香后，放入白鳝球铲匀，喷黄酒，加入蚝油、盐、糖、味精，胡椒粉待沸后，用湿生粉勾芡推匀即成。

**质量标准：**色泽洁白、形似球卷、质爽嫩、副料鲜艳、味咸鲜适口、有豆豉香气。

**工艺关键：**

（1）河鳗不能焯水去黏液，否则会影响口感，皮无嫩感。

（2）剞花刀要均匀，用水漂去黏液，这样上浆后不宜黏结。

（3）豆豉茸要煸香，不能煸焦（冒烟气要离火煸）。

**温馨提示：**豉汁白鳝球是高级烹调师考试菜之一，是对滑炒技术的一种检验。掌握熟嫩度是比较关键的,对刀工,原料上浆有一定的要求;剞花刀成形要均匀,上浆不要太紧;控制好蛋清的用量,成品才能达到球形状。

## 二、金汤大鲍翅

**所属菜系**:新派粤菜
**所属类型**:地方特色菜
**所属技法**:炖烩类
**原料**:涨发好的金勾翅 100 克、净(金)南瓜肉 50克、净胡萝卜 25 克、银芽 25 克、火腿丝 5 克、香菜叶10 克。
**调料**:精盐 2 克、味精 2 克、风车牌生粉 15 克、熟鸡油 5 克。

**烹制过程**:

(1) 金瓜、胡萝卜去皮切薄片,用少量油煸透,加上汤、鸡汁煮烂,用手提式粉碎机绞成泥,并用 20 目网筛滤过成泥汤料待用。

(2) 发透的鱼翅用碗扣好,加入部分上汤(淹过鱼翅)、绍酒,上笼屉蒸至糯软取出,滗干汤汁待用。

(3) 银芽"飞水",与香菜叶、火腿同时放入味碟。

(4) 锅置火上,加入上汤泥料、盐、味精,勾薄糊芡、淋上熟鸡油打匀,浇入鱼翅碟中(3/4),先放入蒸好的鱼翅,再淋上一层芡汁即成。

**质量要求**:色泽金亮,醇厚鲜香。

**工艺关键**:

(1) 银芽"飞水"不要太烂,沸水进沸水出即可。

(2) 金瓜、胡萝卜泥一定要过筛,否则汤汁不细腻。

(3) 汤烧开后,关火勾芡,以防生粉结团。

(4) 盛器一定要加热,烫的鱼翅更有滋味。

(5) 金瓜泥和胡萝卜泥拌出色彩金红色。

(6) 如果没有金瓜可改用藏红花汁调色。

**温馨提示**:掌握金汤大翅制作技术,就可以制作其他原料金汤菜肴,如:金汤扒鱼唇、金汤海鲜盅、金汤烩裙边等菜肴。

## 三、七彩炖官燕

燕窝,一直被视为润肺及滋补养颜的顶级补品之一。时至今日,科学研究报告一再证实,燕窝是一种含有丰富活性糖蛋白、钙、铁、磷、碘及维生素等多种天然营养素,而且很容易被人体所吸收的珍贵的天然滋补品,具有滋阴补肾、清热健脾、润肺养颜、延年益寿之功效。因其不寒不燥的特性,为男女老幼,四季皆宜之精品。金丝燕产卵前必营筑新巢,此时喉部黏液腺非常发达,所筑之窝纯为黏液凝结而成,色白,洁净,称为"官燕"。上品官燕一入水则柔软膨胀,为燕窝中之上乘。春时燕窝被采取,金丝燕立即第二次结窝,由于时间匆忙,往往带有一丝羽绒,巢色发暗,称为"毛燕";含有赤褐色血丝者,称为"血燕",三种燕窝均为滋补良物。

**所属菜系:**港式粤菜

**所属类型:**地方特色菜

**所属技法:**炖类

**原料:**水发官燕 200 克。

**副料:**冰糖 50 克、木瓜 100 克、芒果 100 克、三花淡奶 50 克、椰酱 50 克、嫩姜 50 克、猕猴桃 100 克。

**烹制过程:**

（1）水发官燕加冰糖炖 30 分钟,沥出汤汁装入深盆内。

（2）木瓜、芒果、猕猴桃、生姜分别用粉碎机搅成泥汁状;官燕汤汁、淡奶、椰酱分别装入"奶斗"中,与官燕一同上桌。客人自助。

**质量要求:**形式美观,色泽鲜艳。

**温馨提示:**燕窝原料可做许多款式的甜品,如:雪莲炖血燕、木瓜炖官燕、红莲炖官燕等菜肴。当然也可做咸味的,如:红烧极品官燕、鲜奶炒血燕等菜肴。

## 四、深井烧鹅

烤鹅是广东传统的烧烤肉食,名满粤港澳,但凡港式餐厅大都打着"深井烧鹅"的名号,以示品质优秀。烧鹅源于烧鸭、鹅。以岭南特产黑棕鹅为优,此鹅生产期短,肉细而厚,肥腴鲜美,是制作"烧鹅"的绝佳原料。烧鹅色泽金红、味美可口。

**制作程序:**吹气——→开腔——→去杂——→填料——→缝针——→腌制——→烫皮——→过冷——→或再吹气——→淋糖水——→风干等。

**所属菜系:**粤菜

**所属类型:**地方特色菜肴

**所属技法:**烤类

**原料:**黑棕鹅 7.5 斤以下。

**调料:**

（1）鹅盐 35 克、鹅酱 80 克。

（2）八角 3 只、草果 1 粒、香叶 4 片、川椒 3 克、花椒 5 克(炒制过)碾碎、瑰露酒 25 克、花雕酒 15 克、二汤 50 克(或干海味加老鸡吊的高汤)、鸡汁 8 克、鲜南姜 3 片。

（3）葱段、姜片、蒜茸共 25 克;干葱 25 克,用鹅油煸出香味;香菜梗 20 克。

**烹制过程:**

（1）准备。鹅 1 只,鹅宰杀后,在没开腔之前把鹅充气壮身,使其皮与肉分离。然后在肛门上面 2~3 毫米处开一道约 8 厘米的口子,掏出内脏和喉、肺、油等。鹅的肺一定要去除干净,不然在烤的过程中很难烤熟,用清水将鹅腹腔冲洗干净,斩去鹅掌及翅尖。

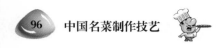

（2）盐渍。用盐擦遍鹅身及内腔，背朝上腌15～20分钟，冲洗干净。

（3）填肚。鹅肚内用准盐、鹅酱擦透每个角落，放入煸香的葱、姜、蒜、干葱、香菜梗、香料、玫瑰露酒、花雕酒、二汤加生抽的汁水，再用鹅尾针封口，确保味汁不漏出。

（4）吹气。将鹅头向上，将充气嘴从鹅颈开口处伸入颈腔，再用左手将颈部与气嘴管一起握住，然后用脚踩气盒，将空气慢慢打入鹅体皮下脂肪与结缔组织之间，使之胀满，起到再次皮与肉分离的目的。

（5）烫皮。取出气嘴，用手将鹅的颈部握住，随后把鹅体放入沸水中浸烫约半分钟，再用冷水浇淋鹅的表皮，使之冷却，防止鹅皮出油。

（6）上钩。左手拿左翼，先上左翼，钩先插入翼窝，再钩右翼，鹅头穿入怀内，挂起鹅身，沥干水分。

（7）上皮。白醋一瓶、麦芽糖100克或蜂蜜45克、大红浙醋50克、玫瑰露酒25克、食粉3.5克、柠檬4片。放入容器内，在热水内搅拌，舀出均匀的淋在鹅身上。完成后即把鹅挂在阴凉通风处晾干6～8小时，或吊在风扇下吹4个小时，把鹅皮吹干。

（8）下炉。将晾干的鹅挂入烤炉中，开中火慢烤15～20分钟，翻面。每面中大火烤5分钟，将鹅的表皮烤至酥脆呈金红色，约45分钟至熟取出；先抽去鹅尾针，漏出鹅腹内的卤汁待用；将鹅斩件装盘，再淋上卤汁，随酸梅酱碟上桌，蘸食即可。

质量要求：色泽金红、皮脆肉嫩、味滋骨香、肥而不腻。

**工艺关键：**

（1）应选用90天左右、体重为3500克左右的肥嫩仔鹅，且鹅体表面须无淤血及痕。观体形：鹅体躯宽深呈楔形；三短身材：脖子短、身短、脚短；翅膀要长，而且翅膀越长越是上乘。

（2）制香料汁、加多少二汤，应根据鹅的腹腔大小而定，一般灌至1/3为度。

（3）充气至八成，不宜打得过满，且充气后不可用手拿鹅的胸脯等部位，以免留下凹痕。

（4）烤制时一定要掌握火候，且要将鹅转动几次，使之受热均匀。

（5）为了让鹅表皮光滑油亮，可在烤好后用高油温泼淋鹅身；也可在烤制过程中，在鹅的表皮刷几次香油。

（6）酸梅酱的酸甜味能令烧鹅味型复杂，是传统的烧鹅跟碟。酸萝卜、酸黄瓜等咸酸味，能中和油脂，帮助消化。

（7）鹅肚内的汁水偏咸甜，须用清汤勾兑至口味适中即可。

**温馨提示：**

酸梅酱：冰花梅酱1瓶、冰糖40克、白醋（1/5瓶）100克、（每味碟：红椒丝3克、姜丝3克）。

鹅盐：砂糖500克、盐350克、鸡粉25克、嫩肉粉、黑椒粉各15克，五香粉35克，甘草粉、沙姜粉、肉桂粉各15克，拌匀即可。

鹅酱：（海天）海鲜酱2瓶、（海天）柱侯酱1瓶、（四季宝）花生酱100克、（味之源）芝麻酱50克、生抽150克。干葱茸、蒜茸各20克煸香，加橙皮茸25克，下酱料，炒至酱料起香，淋少许香油打匀即可，放凉。

## 五、上汤焗龙虾

龙虾是虾中极品，也是海中美味。龙虾的蛋白质含量较高，其氨基酸组成优于肉类，含有人体所必需的而体内又不能合成或合成量不足的 8 种氨基酸,同时还有大量的钙质和硒元素,营养十分丰富。"上汤焗龙虾"在许多婚宴中常常被用到,也是宴席菜的经典之作。

**所属菜系**:经典港式粤菜

**所属类型**:地方特色菜

**所属技法**:炒焖类

**原料**:澳洲龙虾 1 只 1250 克。

**副料**:伊面 1 块(盘)或乌冬面 25 克、草菇碎片 25 克、菜心 10 棵、黑木耳 10 朵。

**调料**:黄油 25 克、黄酒 15 克、上汤 500 克、猪油渣粒 25 克、盐 3 克、味精 2 克、鸡粉 1 克、白糖 5 克、胡椒粉 1 克、咸蛋黄油 20 克;芫荽梗末、干葱茸、洋葱茸、姜片各 10 克。

**烹制过程**:

(1)左手捏着龙虾身,右手拿抹布包住龙虾头用力拧去虾头,去壳除腮,再剁下尾巴,切下腿去爪尖,头部肉切件洗净。

(2)沿着龙虾身背壳膜切断,成 5～6 块,再切件(带壳一斩二)洗净。

(3)用干布将龙虾肉吸干,均匀地拍上少许生粉。

(4)龙虾头肉也拍上少许生粉,虾头壳、尾上笼蒸熟待用。

(5)伊面或乌冬面焯水,加猪油渣粒、草菇片碎、二汤、黄酒、盐、味精,焖 1 分钟,沥汁舀入碗内加盖;菜心、黑木耳焯水待用。

(6)锅洗净烧热,滑锅,加入油烧至五成油温后,下龙虾肉滑至断生;再将龙虾头、尾、脚炸熟。

(7)锅洗净烧热,滑锅,加少许黄油爆香芫荽末、干葱末、洋葱末、姜片,加上汤、盐、白糖、胡椒粉、鸡粉、味精烧开,将炸好的龙虾下锅焖煮 2 分钟左右,起锅沥干。

(8)10 个玻璃盅内放入煮熟的乌冬面,将龙虾盛装在面上。

(9)汤汁过滤,用湿生粉勾玻璃芡,淋上咸蛋黄油(用蟹黄油最佳)浇在龙虾件上即可。

**质量要求**:色泽鲜艳、肉质脆嫩、口味鲜香、宴请佳肴。

**工艺关键**:

(1)龙虾过油略撒干淀粉抖匀,不宜多,否则腻口。

(2)龙虾不宜多烧,否则肉质发柴。

**温馨提示**:此类做法菜肴,还有伊面大明虾、乌冬面肉蟹、意面虾球或海鲜蛋黄面等。

## 六、麒麟鳜鱼

**所属菜系**:传统粤菜

**所属类型**:地方特色菜

**所属技法**:蒸菜类

**原料**:鳜鱼 1 条(约 750 克)。

**副料**:火腿 75 克、净冬笋肉 100 克、小菜心

12 棵。

　　**调料:**葱 20 克、姜 20 克、精盐 10 克、湿生粉 15 克、精制油 50 克。

　　**烹制过程:**

　　(1) 鳜鱼刮鳞,洗净,在肛门眼处横割一刀,从腮部取出内脏;砍下鱼头,下巴部分用刀略斩开一些,使鱼头能摆正;鱼尾在 5 厘米处斜刀切下,剔去 1.5 厘米龙骨,使鱼尾能直立。批下鱼身两侧,内去肚膛刺骨,用斜刀切成 7 厘米长,2.6 厘米宽,0.3 厘米厚的片,约 12～14 片。用 1/3 蛋清、少许生粉上薄浆,背鳍骨修平待用。

　　(2) 火腿、笋片,切成 5 厘米长,2 厘米宽,0.2 厘米厚的片;一片鱼片,一片笋片,一片火腿,在鱼盘内排成两行,中间放上鳍背,前面按上鱼头,后背鳍骨间放上鱼尾。

　　(3) 锅内放水一勺烧沸,加油、盐、味精,下小菜心,半煮半烧 12 秒钟,捞出待用。

　　(4) 在鱼肉上放入姜片,葱段,上笼蒸约 6 分钟,断生后取出,除去葱姜。原汁倒入锅内加调味烧开后,用湿生粉勾玻璃芡,淋清油推匀浇在鱼肉身上,两边放上小菜心即成。

　　**质量要求:**红白绿相映、咸鲜滑嫩。

　　**工艺关键:**

　　(1) 鱼片厚薄大小要一致,否则会影响质感。

　　(2) 上笼蒸时要根据火力大小、鱼片厚薄掌握蒸的时间。

　　**温馨提示:**此菜是广帮传统菜之一,也是高级烹调师考试菜之一。对整鱼拆骨有一定要求。现在大部分酒店在制作此菜时,鱼片都上薄浆,成品后鱼肉更鲜嫩,勾芡时浓稠度掌握比流芡略厚即可。

## 七、沙律烟鲳鱼

　　**所属菜系:**新派粤菜

　　**所属类型:**地方特色菜

　　**所属技法:**烘烤类

　　**原料:**鲳鱼 1.8 斤/条(1 条批 3 片约 250 克/块),以 10～12 片计。

　　**调料:**

　　(1) 腌料蔬菜:小香葱 75 克、生姜 50 克、大蒜 50 克、香菜梗 25 克、西芹梗 2 支、洋葱 1/2 只、甘笋 100 克。

　　(2) 腌料调料:生抽 350 克、美极酱油 10 克、绵白糖 70 克、味精 10 克、玫瑰露酒 10 克、柠檬 1/2 只、老抽 1 匙、金酒 25 克、胡椒粉 5 克。

　　(3) 垫烤盘料:肉葱 150 克。

　　(4) 上色料:老抽加日落黄粉。

　　(5) 卡夫奇妙酱 1 瓶、炼乳 1 罐,共 250 克。

　　(6) 烟熏料:果木屑、米饭各一把,茶叶 2 匙、苹果皮(1 只)、赤糖 4 匙。

　　**烹制过程:**

　　(1) 小香葱、生姜、大蒜、香菜梗、西芹梗、洋葱、甘笋用粉碎机打成汁。

　　(2) 鲳鱼去腮内脏,刮洗干净,抹干,去头尾,斜刀切成厚片 2 片,加腌料,腌渍 1 个小时取出。

（3）烤盘垫上肉葱入烤箱，底火 260℃；面火 280℃烤 15 分钟，刷"上色料"再烤 1～2 分钟。

（4）烤好鲳鱼再烟熏 2 分钟取出，亮油装盘，预先用莴笋丝、球生菜、番茄围边，裱上沙律酱即可。

**质量要求：**色泽褐红，鲜香肉嫩，风味特殊。

**工艺关键：**

（1）注意烤箱，面火高于底火 10℃～20℃。

（2）刷上色料后，收干即可。

**温馨提示：**类似制作法菜肴如：蜜汁烤河鳗、沙律银鳕鱼、香烤鳜鱼等。

# 第五节 扬帮、京帮、福建菜肴

## 一、春白烩鲍片

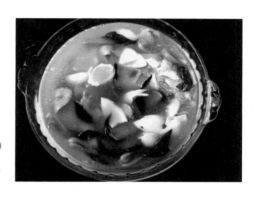

**所属菜系：**海派扬州菜

**所属类型：**地方特色菜

**所属技法：**烩菜类

**原料：**鲍鱼片 150 克（听装小鲍鱼）。

**副料：**熟火腿片 25 克、熟鸡蛋 3 只、水发香菇 50 克（约 5 只）、小菜心 8 棵。上汤 500 克、黄酒 15 克、精盐 5 克、味精 3 克、胡椒粉适量。

**烹制过程：**

（1）原听鲍鱼上笼蒸 1 小时，取出批成薄片用葱姜酒套汤取出，青菜剥成小菜心削尖，菜叶修成金鱼尾状一剖二待用。

（2）鸡蛋入水锅煮 10 分钟，去蛋黄批成薄片泡入水中；香菇、火腿批切成骨排片。

（3）锅置火上，下葱、姜末炝锅，喷黄酒，加高汤二勺（约 400 克）烧沸，滤渣。放入鲍片、火腿、香菇片，加精盐、味精、胡椒粉略滚，下春白片、菜心，用水生粉勾玻璃芡装盘，用筷子摆出造型即可。

**质量要求：**色，白绿相映；质，清香软滑；味，咸鲜；器，半汤半料，有丰满感。

**工艺关键：**

（1）鲍鱼只要带罐蒸，取出套汤去异增味。

（2）切片要均匀。

（3）勾芡适度，小火勾芡（用风车牌生粉勾芡，效果比一般生粉更有光度、透明、色白）。

**温馨提示：**此菜是高级烹调师应会考试菜之一。主要掌握勾汤芡技术，芡汁要均匀。此类菜肴很多，如：蟹粉烩鱼翅、拆烩甲鱼、拆烩鱼头等。

## 二、蟹粉狮子头

**所属菜系：**淮扬菜

**所属类型：**地方特色菜

**所属技法:**炖菜类

**原料:**猪肋条肉 800g(肥瘦比例:夏季肥五瘦五;冬季肥七瘦三)。

**副料:**熟蟹黄 80 克、蟹肉 140 克、虾籽 50 克、鸡蛋清 2 只、猪肋骨 500 克、鲜肉皮 100 克、青菜心 12 棵、白菜叶 6 片。

**调料:**熟鸡油 20 克、葱段 30 克、姜块 30 克、料酒 50 克、精盐 15 克、胡椒粉 3 克、味精 2 克、鸡粉 5 克、高汤 250 克、鸡汤 750 克、葱姜各 5 克。

**烹制过程:**

(1)将猪肋条肉的肥瘦肉都切成石榴米状的小丁,放在盛器中,加入高汤、葱姜米、蟹肉、虾籽、精盐、料酒,搅拌均匀,摔掼上劲。

(2)肉皮刮洗干净,切成 3 厘米见方的块;肋条骨亦斩成 3 厘米见方的块,焯水洗净,放在炒锅底部,垫上青菜;把肉馅做成鸡蛋大的丸子,下入沙锅缀上蟹黄,加葱段、拍姜块,注入烧沸、调好味的鸡汤,旺火再烧沸,撇净浮沫,拣出葱姜,盖上白菜叶,炖 2 小时。先用筷子撩出肉皮、肋骨及青菜,弃之;再改用大火,放入新鲜的青菜同煮,待菜八九成熟,即可上菜。

**工艺关键:**

蟹粉狮子头是镇江名菜。其主要原料是蟹肉和用猪肉斩成细末做成的肉丸(镇江人俗称"斩肉")。其做法很多,有清炖,有水余的,有先油煎后红烧的,有先油炸后与其他食物烩制的,也有用糯米滚蒸的。

镇江斩肉,配料因季节而异。初春,河蚌上市,有河蚌斩肉;清明前后,春笋、芽笋上市,做笋焖斩肉;夏天,有斩肉;秋天蟹肥了做清炖(或红烧)蟹粉狮子头;冬天用冬笋、风鸡做笋焖狮子头或风鸡炖斩肉。冬天的小青菜、豌豆苗甚好,亦可做陪衬。春、秋两季,还可以做鮰鱼烧斩肉。斩肉如不加蟹,可多放些虾籽。

(1)做斩肉讲究刀功,要细切粗斩。必须选用猪硬肋五花肉,肥瘦搭配,以达到鲜嫩、肉香的效果。狮子头制作的窍门有四个字概括:"细切粗斩",与"脍不厌细",恰恰是反其道而行之。所谓"细切粗斩",是将肥肉瘦肉先行分开,肉块先切成肉片,肉片再切成肉丝,肉丝最后切成肉丁。肉丁的大小,颇有讲究,约在四毫米左右,俗称石榴丁。

(2)切好后,将肥肉、瘦肉与蟹粉拌在一起。在拌料的时候,还要放入料酒、葱姜汁去腥,盐调味,用少许糖来"调调鲜头";用生粉以起黏(生粉的量,不宜太多,大约两三汤匙)。调料的投放,最好不要一起倒入,而是要边搅拌边加调料,方能调匀。搅拌要用力,料才会起稠发黏,术语叫做"上劲"。将料搓捏成肉丸的时候,也要用力,否则狮子头易破易碎易散。

(3)用一只沙锅,把先前批下的肉皮铺在锅底,上面再铺些青菜,把做好的肉丸放在菜上,倒入烧滚的高汤,如果没有高汤,用烧滚的清水也可。倒的时候,要从沙锅边沿倒下,不要冲碎了肉丸。然后加盖开小火炖烧,十几分钟后,便可闻到四溢的飘香。然后继续炖两个小时左右。炖好了开盖,汤面上有整整的一层油,要想法去掉些。先用筷子撩出肉皮及青菜,弃之。

再改用大火,放入新鲜的青菜同煮,待菜八九成熟,即可上菜。

清炖蟹粉狮子头宜用沙锅炖制,成熟后,趁热上桌。打开煲盖,仅见菜叶覆盖煲内,揭去菜叶,就见只只大肉圆,如同玉嵌珊瑚,热气腾腾散发出阵阵肉香、蟹香、菜香。

在与不少同行的技术交流中,提到淮扬名菜"清炖蟹粉狮子头"时,发现大多数同行在此菜最终口感确定上,皆提到"嫩"字。"清炖蟹粉狮子头"的最终口感确定为"嫩"是不妥的。综观以上"清炖蟹粉狮子头"的制作工艺、机理变化,其最终口感应该为酥嫩才较为合理。原料断生时为嫩,而清炖蟹粉狮子头制作工艺是长时间加热,所以它的嫩是属于"酥嫩"。

### 三、鸳鸯鸡粥

**所属菜系:** 新派上海菜

**所属类型:** 地方特色菜

**所属技法:** 汤羹类

**原料:** 鸡里脊肉 100 克、冷鸡汤 75 克。

**副料:** 鸡蛋清 4 个、绿菜叶 50 克。

**调料:** 生粉 1 匙(调羹)约 20 克、精盐 3 克、味精 2 克、鸡汤 600 克、湿生粉 30 克、黄酒 10 克、精制油(最好是熟鸡油)15 克、食粉 5 克。

**烹制过程:**

(1)鸡里脊剔除筋,用刀呈 25°角压成泥或用粉碎机制成细泥,放入碗内逐一加入鸡蛋清、黄酒、盐、味精调开后,徐徐加入已拌匀生粉的冷鸡汤(鸡汤 75 克、生粉 20 克)边倒边搅拌,调匀上劲为止,用 60 目不锈钢筛过滤,即成为鸡茸生胚,待用。

(2)绿菜叶下开水锅,加食粉略烫沸(沸水进,水沸出)捞起,用冰水急凉,除去涩味,捞出挤干水分,剁细,过筛成细菜泥待用。

(3)锅洗净置于炉上,先放鸡汤 400 克,加盐、味精烧沸,用湿生粉勾成薄茨,关火;将鸡茸徐徐倒入,同时用勺子轻轻搅匀,再开大火至将沸时,即加入精制油少许,继续拌匀(以油渗进鸡粥内为好),起锅装在 10 寸鲍鱼盘内。

(4)锅洗净,烧热后放入少许油约 10 克,加鸡汤 120 克,烧开后下湿生粉勾玻璃茨,再加入菜泥,搅拌,淋油少许推匀,出锅,盛在鸡粥一半面即成。

**质量要求:** 绿白相间,润肥嫩滑,咸鲜合一。

**工艺关键:**

(1)鸡茸要选用筋膜少的鸡里脊,容易剁细。

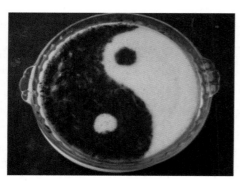

(2)调好鸡茸及菜泥要过筛,否则会影响成品细腻度。

(3)一定要勾流茨后下鸡茸,否则鸡茸容易结成团块。

**温馨提示:** 此菜肴是高级烹调师考试菜之一,主要是考核你对勾茨的把握是否恰到好处。鸡茸茨要薄,流茨,因鸡茸里面还含生粉;菜泥汁要勾玻璃茨(比重高,不易淌汁),先浇直线、后往里,成 S 形如太极图案。

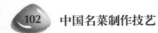

## 四、芫爆双脆

**所属菜系:**京帮菜

**所属类型:**传统名菜

**所属技法:**爆炒类

**原料:**新鲜猪肚尖 100 克(净)、鸡肫 100 克(净)。

**调料:**精制油适量、黄酒 5 克、精盐 3 克、味精 2 克、米醋 5 克、胡椒粉 1 克、麻油 15 克、香菜 50 克、蒜片 2 克、葱段 2 克、青蒜白节 10 克。

**烹制过程:**

(1) 新鲜肚尖 3 只,剔皮修去油膜;在内壁剞斜直刀花,反面剞直刀,再改刀成长为 4 厘米的三角块;将鸡肫剔去筋皮,剞十字花刀成菊花肫。

(2) 把香菜切成 3 厘米长的段,放入碗内,加蒜片、葱段、青蒜节、盐、味精、黄酒、米醋,调成香菜小料。

(3) 烧沸水锅,先下菊花肫,来回推三下,马上放入肚尖推散、推匀即可。倒出沥干水。

(4) 洗净锅烧热,下精制油(3 勺,约 600 克)烧至七成热,投入已焯水的肚、肫花,略爆约 5 秒,倒入漏勺,沥去油。

(5) 原锅内加麻油,放香菜小料、肚尖、肫花,迅速炒匀,出锅装盘即成。

**质量要求:**色彩分明,咸鲜脆嫩。

**工艺关键:**

(1) 原料选择要新鲜,刀工处理要大小相仿。

(2) 焯水要注意,先肫后肚,爆油要控制好火候、时间,油温七成热,5 秒钟(沥水漏勺不要离右手,倒入原料,顺水推匀,马上倒出)。

**温馨提示:**芫爆双脆是京帮传统名菜,也是高级烹调师的考试菜之一,关键是刀工技术:深浅均匀、大小一致及对火候的掌控,旺火速成。对烹调技术的熟练程度要求很高,如不熟练,成品达不到脆嫩的要求。

## 五、葱烧海参

**所属菜系:**北京传统菜

**所属类型:**地方特色菜

**所属技法:**烧扒类

**原料:**水发海参 500 克/6 只。

**副料:**京葱段 100 克(4 厘米长 6 段)。

**调料:**精制油适量、三味油 25 克、黄酒 25 克、精盐 3 克、酱油 3 克、味精 2 克、糖色少许、葱末 5 克、姜末 5 克、白砂糖 5 克、胡椒粉 1 克、高汤 500 克、湿生粉 25 克。

**烹制过程:**

(1) 水发海参去内膜,洗净后放入沸水锅内焯水,沥去水分,京葱切段。

（2）锅烧热，放入精制油 5 勺(约 1000 克)，烧至七成热时，放入海参略炸(约 10 秒钟)，倒入漏勺沥去油。

（3）原锅留油少许(约 25 克)，放葱、姜末炝锅，加入高汤 300 克、黄酒、酱油煨烧海参，待海参软烂时整只取出。

（4）锅洗净烧热，加精制油 2 勺(约 400 克)，加京葱段炸，加黄酒、精盐、糖色(将汤汁调成金黄色)、白砂糖、胡椒粉、海参(裂口朝上)，烧至汤汁浓稠时，用湿生粉勾糊芡，沿锅边淋上三味油，端锅将海参大翻，再淋上三味油装盘即成。

**质量要求:**枣红光亮，软润滑糯，口味咸鲜。

**工艺关键:**

（1）海参大小要均匀，不僵硬为好。

（2）在煨烧海参时，火候要到位，用筷子挑起不裂，呈 90°状，入口即化。

（3）汁芡浓稠适量，京葱不能炸焦。

（4）掌握三味油调制比例:京葱条片 10：生姜片 1：开口大红袍(花椒)1：香菜段 12：精制油 7：鸡油 2：麻油 1。油与香辛料 1：1 小火熬透，葱姜香菜出香味，开中火再倒入花椒出香味沥油去渣即可。

**温馨提示:**葱烧海参是传统京帮菜，也是高级烹调师的考试菜，如果不会炒糖色，可以用海鲜酱 1 茶匙、老抽 5 克、糖 5 克、味精 2 克、盐 3 克、胡椒粉 1 克调制。

## 六、拔丝苹果

**所属菜系:**北京菜

**所属类型:**地方特色菜

**所属技法:**拔丝类

**原料:**苹果 500 克、巧克力卷碎少许、罗勒叶 3 片、草莓冰激凌 1 匙、草莓 1 颗。

**副料(脆浆糊):**面粉 100 克、玉米淀粉 30 克、糯米粉 40 克、吉士粉 10 克、精盐 2 克、泡打粉 3 克、(光明)酸奶 50 克、鸡蛋清 1/2 个、纯水 160 克、白醋 2 克、色拉油 45 克。

**调料:**白砂糖 150 克、色拉油 1250 克(实耗 75 克)。

**烹制过程:**

(1)调制脆浆糊要合理选料，配比准确，稀稠适当。

• 面粉应选低筋粉，因为面粉的含筋量低时，炸制时才容易膨胀，反之就会影响到成品的疏松度，更达不到酥脆和饱满的要求。

• 淀粉应选颗粒细、颜色浅的鹰粟粉、玉米淀粉、绿豆淀粉或马蹄粉等，加入这类淀粉可使成品的口感更加细腻。

• 油脂应选择没有使用过的干净色拉油。

(2)炒糖色时，要用勺子不停地搅，使所有糖分迅速地均匀地受热，防止炒煳。

(3)将苹果削皮，四面切，中间去核。然后再切成筷梗条待用。

(4)调制脆浆糊(按苹果量而定)。

(5)把切成筷梗的苹果拍干粉，用拌好的糊包裹住。

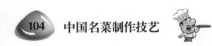

（6）锅里放油，以盖住苹果条为好，用小火加热至三成热。

（7）放入包裹好的苹果条（要用筷子夹住接近油锅时迅速放入），炸成型时捞出；至油温回升到五成热，复炸呈金黄色捞出待用。

（8）锅底留油倒入上等白糖，用小火熬至橘黄色，成糊状。同时倒入苹果翻炒两下出锅装盘。

（9）上桌时带一碗冰柠檬水，将出锅的拔丝苹果在冰水里过一下，皮脆内软，满口甜香。

**质量要求：**色泽金黄、香甜清脆、形似蚕茧。

**工艺关键：**

（1）"拔丝"菜，"炒糖"是关键。"炒糖"时常有下列现象发生：首先蔗糖熔化，由结晶态转为液态，并发生"翻泡"现象（糖液中水分蒸发引起）；接着"泡由大变小、由少变多"（糖液中水分蒸发速度减慢），此时糖液进入了"过饱和状态"，并且具有较好的拉伸强度，低温时呈透明状，具有脆性，此刻是"拔丝"的最佳时刻。糖量与原料的体积比例为 1∶3；糖、水、油的比例为 2∶1∶1，当糖浆突然变稀，搅起来比较轻松时，这时糖浆的颜色也由青白渐变至微黄，说明拔丝的火候已到，立即将原料下锅翻动，使糖汁裹匀原料。

（2）根据原料质地决定是否挂糊，如苹果、梨、橘等水果，含水分较大。在下锅炸时，一定要用蛋清和淀粉挂糊，将原料裹住，否则原料内部出水后，会黏在一起；土豆、山药等原料，含淀粉较多，下锅炸时，可不必挂糊。

（3）在油烧到七成熟时，将原料下锅，炸至金黄色捞出。

（4）炒好糖。锅内要放干净底油，中火加热，加入白糖，用勺不断搅动，使糖受热均匀。炒至糖呈浅黄色时，由于水分蒸发冒出气泡，待泡沫多且大时，将锅端离火口，使泡沫变小，颜色加深。用勺舀起糖汁往下倒，能成一条线状，说明糖已炒好。迅速将原料下锅翻动，使糖汁裹匀原料。糖量与原料的体积比例为 1∶3，按原料重来说，块和片状的原料用糖量为原料的50％左右；条、丸状原料则为 30％～40％。挂糊的比不挂糊的用量要多些。

（5）糖汁炒好后，倒入的原料一定要热。如果原料不热，会使糖汁变凉，就拔不出丝来。为此，做拔丝菜时，应用两个炒锅，一个炒糖，一个炒主料。这样易保存主料温度，才能挂匀糖浆。做拔丝菜不可用急火，以免糖浆过火，碳化发苦。如在糖浆中加少许蜂蜜，则风味尤佳。

**温馨提示：**

（1）避免削皮后苹果变色，可预先准备一碗凉的淡盐水或柠檬水，将削去皮的苹果浸入其中可保持苹果中的营养、色泽和味道。

（2）食用拔丝苹果时，带一小碗清水，蘸清水食用，可起到降温防烫，并起脆增加口感的作用。

（3）拔丝苹果，可用其他水果代替制成系类拔丝菜。

## 七、至尊佛跳墙

**所属菜系：**福建菜

**所属类型：**地方特色菜

**所属技法：**炖菜类

**原料：**水发小金勾翅 1 只（40 克）、听装金钱鲍 8 头/听 1 头、水鱼裙边 20 克、水发刺参 1 只（干制品 80 只约 500 克）、水发鹿筋段 25 克（1 段）、水发鱼唇件 12 克（1 块）、水发鲍肚 12 克（1

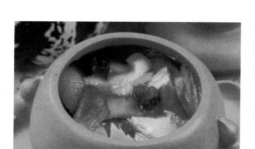

件)、土鸡件 25 克(2 块)、日本花菇 1 只、火腿丁 4 粒、蒸发瑶柱 1 粒、白菜梗 2 件、冬笋 2 件、鸽蛋 1 只、葱节姜片 1 串。

**调料:**绍兴花雕酒 25 克、家乐鸡汁 2 克、高汤 150 克。

**烹制过程:**

(1) 金钱鲍原听入蒸箱蒸烂取出,洗干净批成 2 片,剞十字花刀,放入码斗内加高汤、绍兴黄酒,蒸 30 分钟套汤,鸽蛋煮熟去壳。

(2) 鱼唇加葱姜酒,焯透水(约 10 分钟)去腥,取出待用。

(3) 刺参切为 2 片,鹿筋段"飞水",加高汤蒸 20 分钟套汤;冬笋沸水锅中氽熟捞出,与鸽蛋下油锅略炸(约 30 秒);鱼肚加绍兴黄酒,入沸水"飞水";土鸡、火腿、裙边、花菇滚水"飞水",待用。

(4) 水发鱼翅扣入碗内,加葱姜汁、黄酒、高汤蒸 20 分钟套汤待用。

(5) 取佛跳墙盅,垫入土鸡、火腿、加高汤、绍酒至炖盅 1/2 处。上笼蒸 2 小时取出,再分别放入冬笋、白菜、鱼唇、鹿筋、瑶柱、海参、花菇、鱼翅、鲍鱼、鸽蛋、绍酒,用荷叶封盅口,上笼蒸 1 小时取出即成。

**质量要求:**食物多样,软糯脆嫩,荤香浓郁,汤浓鲜美,味中有味,回味无穷,营养丰富,并能明目养颜、活血舒筋、滋阴补身、增进食欲。

**工艺关键:**

(1) 佛跳墙高汤制作。原料:老母鸡 1 只 5～6 斤、番公鸭 1 只 7 斤左右、羊肘 1 斤、猪筒骨 3 斤、猪龙骨 2 斤、猪肉皮 0.5 斤、猪爪 2 斤、葱段 100 克、姜片 150 克、胡椒粒 15 克(压碎)、桂皮 2 片、香叶 2 片、生抽皇 50 克、冰糖 35 克、绍酒 150 克。

制作工艺要点:将上述原料斩成拳头块状,分别焯水,倒出冲洗干净;猪爪要加酒焯水两次,去除异味。

锅置火上,加少许猪油,煸香葱段姜片后,放入鸡、鸭、羊、猪爪块翻炒,加黄酒、生抽、糖、二汤、桂皮、香叶加盖焖 20 分钟。捞去葱姜、桂皮、香叶,与猪骨、皮同盛于已垫竹篦加满水的钢桶中,按骨先垫底原则分别放入,烧滚后加胡椒碎,改小火,保持水面起鲤鱼泡形,煮 4 小时以上起汤待用。

上述原料也可先炸后焯水制汤;焯水要略长,也有去腥的效果;注意火候掌握,不要太滚。

(2) 瑶柱蒸发后要撕掉边筋膜块(有腥味)。

(3) 取出后再淋绍酒,酒香味更浓。

(4) 珍贵的原料放在上面。

**温馨提示:**类似做法菜肴还有如锦江饭店的巴蜀飘香(相对原料家常一些)、上海传统名菜的糟钵头等菜肴。

# 第六节　创新菜肴

随着餐饮业的发展,中国名菜制作技艺在原料的开发、加工技术、保存技术、烹饪设备与技术的发展、调味品或汁的研发生产以及菜肴制作理念上发生了质的变化。尤其是北京、上海、广州、四川、江苏、山东等地区,将餐饮业作为地方文化和支柱产业来发展,挖掘传统文化和菜肴,海纳百川、中西交融推动了中国烹饪与菜肴的长足发展。研究与剖析创新菜肴,更能理解现代烹饪在选料、加工、烹饪工艺、调味工艺以及装饰等方面的新理念、新技术、新科学、新艺术,切实地培养和提高菜肴制作的创新能力。本章选取一些地方创新菜,剖析创新名菜的用料、烹制过程、工艺关键等。

## 一、元宝煎红虾

**所属菜系**:新派上海菜
**所属类型**:地方特色菜
**所属技法**:炒菜类
**原料**:草虾 26 只(约 500 克)。
**调料**:元宝虾汁 25 克。
**烹制过程**:

(1) 在鲜活草虾肚面深批一刀,剪去头尾,洗净沥干水分备用。

(2) 锅置火上,倒入食油烧至八成热,倒入草虾,用手勺抖匀至虾身成球状呈金红色(约 14 秒钟),倒出沥净油。

(3) 锅洗净,加 25 克元宝虾汁,烧滚倒入油爆后的草虾翻匀,上盘即成。

**质量要求**:色泽红亮、壳脆肉嫩、形似元宝、咸甜适口。

**工艺关键**:

(1) 元宝虾汁料:鱼露、美极酱油、白糖、生姜汁、清水等。

(2) 注意油爆时间以 14 秒为准。

(3) 元宝虾汁含糖量较高,注意虾壳起焦(中小火为宜)。

**温馨提示**:元宝虾制作与油爆虾、椒盐虾、半片虾制作一样,掌握油温和油爆时间是关键。

## 二、炸烹牛仔骨

**所属菜系**:新派上海菜
**所属类型**:地方特色菜
**所属技法**:炸烹类
**原料**:新西兰牛仔骨 300 克。
**副料**:洋葱 30 克、蒜苗 50 克、薯条 50 克。
**调料**:黄油 25 克、精盐 2 克、家乐辣鲜露 2 匙、蚝油 1/2 茶匙、白砂糖 3 克、味精 3 克、胡椒粉少许。**腌料**:嫩肉粉 3 克、精盐 2 克、白兰地 20 克、老抽 5 克、生粉 10 克。

**烹制过程**:

(1) 牛仔骨洗净切块,放入容器内加嫩肉粉、白兰地、盐、生粉,拌匀放入冰箱内冷藏醒透 2 小时,加老抽少许(上色)。

（2）洋葱、蒜苗、红椒切粒。薯条入油锅炸熟脆。

（3）锅置火上，加油至五成油温，下牛仔骨，滑至成熟捞出，待油温升至八成复炸出锅；锅留底油放入洋葱、蒜苗、红椒粒煸炒出香味，放入牛仔骨及兑好的芡汁颠翻几下装盘，配上薯条。

**质量要求：**肉骨鲜香、口味独特、色泽金黄。

**工艺关键：**

（1）牛仔骨腌制要冷藏醒透，否则麻、涩口。

（2）复炸要控制好时间，5秒钟足够。

**温馨提示：**牛仔骨菜肴有煎、半煎炸、炸。如：麦香牛仔骨（煎）、黑椒牛仔骨（半煎炸）、椒盐牛仔骨（炸）。

### 三、台式煎鹅肝

**所属菜系：**新派上海菜

**所属类型：**地方特色菜

**所属技法：**煎烤类

**原料：**进口鹅肝500克。

**副料：**洋葱100克、草莓3个、甘笋、插花一朵、黄瓜半条、白萝卜、雕小天鹅2个。

**调料：**金兰牌酱油膏、香料（豆蔻粉）少许、浓缩鸡油2滴、白砂糖5克、蜂蜜1茶匙、鸡粉、胡椒粉各少许。

**烹制过程：**

（1）将鹅肝洗净浸入牛奶中，使其浸出血水，顺长斜切成一厘米厚大片；留三片，余下去筋膜粉碎成酱，用白兰地、盐、胡椒粉腌制2小时；装入钢盒中隔水烤或蒸12分钟，取出炒干，加入酱油膏、香料、浓缩鸡油、糖、蜂蜜、鸡粉炒成鹅肝酱汁。

（2）将剩下三片鹅肝用小火蒸熟，取出拍干粉，入油锅煎熟，放入盘内浇上炒制过的鹅肝酱汁。用草莓、甘笋花、黄瓜花片、小天鹅围边。

**质量要求：**色，酱褐；质，香嫩细滑、入口即化、唇齿留香；味，肝香、咸中略带甜。

**工艺关键：**

（1）（冻）鹅肝切成大片，上笼蒸18～20分钟取出拍淀粉。

（2）（鲜）鹅肝小火慢蒸40分钟，以防止油脂流失。

**温馨提示：**煎鹅肝，可生煎，可熟煎。用量大的，如：圣诞大餐可预制好再煎，效果也不错；原料也可用急冻的，调味也可用日本烧汁、黑椒汁、葡萄烧汁等。

### 四、鱼翅捞饭

**所属菜系：**港式粤菜

**所属类型：**地方特色菜

**所属技法：**烩菜类

**原料：**发好的青片翅100克、上汤250克、泰国大米饭1扣汤碗（约100克）、银芽25克、香菜叶 15 克、火腿丝 7 克。

**调料：**精盐 2 克、火腿汁 5 克、老抽 5 克、美极上汤 10 克、生粉 22 克、熟鸡油 10 克。

**烹制过程：**

（1）银芽飞水与香菜叶、火腿丝装入味碟一半银芽、一半香菜叶，火腿丝摆放在银芽上。

（2）将发好的鱼翅用碗扣好，加上汤、花雕酒、鸡精蒸至软身，滗干水。

（3）锅置火上，加入上汤、盐、美极上汤、火腿汁，烧沸，关火勾芡；锅再置火，淋熟鸡油打匀。芡汁盛在鱼翅碟内达 3/4；将鱼翅滑入，再浇 1/4 芡汁，加盖即成。

（4）将泰国米饭扣入碟中，与银芽、香菜碟、鱼翅醋一起上桌。

**质量要求：**色，泽淡金黄；质，软糯香鲜；味，咸鲜淳厚。

**工艺关键：**

（1）勾芡要用上汤加生粉拌得略稀一些，这样勾出的芡汁无生水味，细腻有光泽。

（2）米饭用泰国香米较好，有大米的香味，泡入芡汁中不容易糊化，有嚼劲，更能体现捞饭的滋味。

**温馨提示：**掌握鱼翅捞饭制作技术，就可以制作其他款式的鱼翅类菜肴，如：蟹肉大鲍翅、鲍参翅肚羹、红烧鸡丝翅等菜肴。

## 五、珧柱酿瓜脯

**所属菜系：**新派粤菜

**所属类型：**地方特色菜

**所属技法：**烩菜类

**原料：**原粒珧柱 10 粒、冬瓜 1200 克（实用 600 克）、粗胡萝卜 2 根。

**调料：**精盐 10 克、味精 5 克、黄酒 10 克、葱结 5 克、姜片 10 克、胡椒粉 2 克、高汤 100 克。

**烹制过程：**

（1）将原只珧柱修去硬边，用温水洗净，放入缸盆内，加高汤，放入葱结、姜片、黄酒上笼蒸 25 分钟待用。

（2）冬瓜去皮囊，用原齿模压成 5 厘米直径，厚 2.5 厘米的圆齿块，再用 3.5 厘米模压去中心成环。再套胡萝卜细环，作为镶珧柱用；热锅加入上汤少许，用盐、味精调味，将冬瓜煮熟后捞出，沥干水分。

（3）将蒸好的珧柱嵌镶入冬瓜圆孔中，再蒸 3 分钟。

（4）将蒸珧柱原汤倒入锅内，加盐、味精、胡椒粉，烧开后撇沫，用湿生粉勾薄芡，淋上熟油，浇淋在珧柱冬瓜上即成。

**质量要求：**色汁明亮，软糯鲜咸。

**工艺关键:**

(1) 珧柱选择上等新加工品,外面粗皮较少。

(2) 珧柱蒸制注意去腥,注意控制蒸制时间,不宜太久,否则容易松软而影响后续造型。

(3) 冬瓜压模保持大小统一,镶嵌珧柱恰到好处保持完整。

(4) 蒸汁勾芡不宜太厚,否则不均匀,透明感、光亮度差。

## 六、珧柱扒辽参

**所属菜系:**新派粤菜

**所属类型:**地方特色菜

**所属技法:**烩扒类

**原料:**水发辽参 1 条(干货 65～70 根/500 克)、娃娃菜 1 棵(同海参大小)、珧柱丝 3 克、小葱段 25 克、熟蒜头 2 只、葱香油 2 克、白砂糖 3 克。

**调料:**蚝油 3 克、老抽 5 克、花雕酒 5 克、胡椒粉适量、味精 1 克、鸡精 1 克、辽参汁料适量、精制油 5 克。

**烹制过程:**

(1) 辽参"飞水",沥干。锅置火上加少量清油,煸香小葱段,加熟蒜头(炸),加蚝油、花雕酒、下二汤、老抽、砂糖、鸡精,放入辽参烧滚,倒入深砂煲内,煲 20 分钟。

(2) 娃娃菜加上汤、蚝油、鸡精上笼蒸烂。

(3) 珧柱飞水,加辽参汁料,勾油面厚芡,淋葱香油,浇在辽参、冬瓜上即成。

**质量要求:**软糯鲜香,口味浓郁。

**工艺关键:**

(1) 发制海参应注意火候,把握多泡少煮的原则。

(2) 煨制过程要用文火慢煨。

(3) 辽参、冬瓜淋芡前,一定要用干净纱布吸干汁水。

(4) 辽参汁料:上汤 500 克、蚝油 20 克、砂糖 5 克、万字酱油 50 克、老抽 10～15 克、味精 15 克、鸡精 10 克、胡椒粉少许。

**温馨提示:**辽参菜肴类似做法还有很多,如:鲍汁扒刺参、鸡汁辽参、百花酿辽参等菜肴。

## 七、香烤银鳕鱼

**所属菜系:**新上海菜

**所属类型:**地方特色菜

**所属技法:**烤制类

**原料:**净银鳕鱼 500 克。

**副料:**莴笋 50 克/位、生菜叶 2 小张、卡夫奇妙酱 25 克/位、柠檬角一块。

**调料:**

(1) 腌料:叉烧酱 80 克、鸡蛋 1 只、玫瑰露酒 1 汤匙、日本烧肉汁 1 汤匙、海鲜酱 1 茶匙、老抽 3 滴(上色)、南乳汁 4 汤匙、橙红粉少许、葱姜汁 25 克。

（2）上色料：金狮牌糖浆＋清水调稀（1∶1）。

**烹制过程：**

（1）银鳕鱼洗净去肚腩，中骨切成厚1厘米、长9厘米、宽70厘米的大骨排形10块。

（2）莴笋切丝，用盐少许拌匀至出水，略用净水冲洗沥干，拌入卡夫奇妙酱；生菜用净水冲洗干净，沥干待用。

（3）取大而深的配菜盘，将腌料融化，投入银鳕鱼块，腌渍15分钟，取出放在干毛巾上压吸干水分；烤盘刷油，整齐放上收干腌汁的银鳕鱼，入烤箱220℃烤8分钟，刷糖浆再烤1～2分钟，刷熟油取出装盘，配卡夫奇妙酱（裱花形式），生菜叶垫底，上放少许沙律莴笋丝。

**质量要求：**色泽红亮，外脆里嫩，鲜香合一。

**工艺关键：**

（1）冰冻的鳕鱼片要解冻后再腌制。

（2）腌制后要吸干汁水。

**温馨提示：**类似烤制法，还有蜜汁烤三文鱼、烤牛里脊、鳕鱼卷、烤梅肉鹅肝卷等菜肴。

# 八、炭烧牛仔骨

**所属菜系：**上海菜

**所属类型：**地方特色菜

**所属技法：**煎菜类

**原料：**进口（美国）牛仔骨500克。

**副料：**洋葱半个、草莓3个、甜橙半个、黄瓜半条。

**调料**（腌料）：

（1）葱汁、姜汁、蒜汁各50克，蔬菜汁100克（西芹、胡萝卜、干葱头）、柠檬汁20克。

（2）黑胡椒粒10克、香叶2张、白兰地25克、椒盐（麦考迈）5克、老抽10克、生抽20克、花生酱1茶匙、海鲜酱1匙、辣酱油1茶匙、番茄酱1匙、红糖25克、鸡蛋黄1只、生粉20克。

**烹制过程：**

（1）牛仔骨加10克食粉腌制2个小时，用水冲净食粉的味道。

（2）把所有腌料拌匀，入牛仔骨腌制12小时。

（3）在锅中放少量油，煎熟牛仔骨，改刀成块。用草莓、橙、黄瓜做围边，将炒过的洋葱丝放盆中央，放上牛仔骨就成。

**质量要求：**色，酱红；质，嫩鲜香；味，咸鲜复合、风味独特。

**工艺关键：**

（1）食粉腌制后一定要冲洗干净，否则麻口。

（2）调料腌制12小时后捞起加生粉。

**温馨提示**：牛仔骨菜肴较流行的还有黑椒牛仔骨、麦香牛仔骨、日本烧肉汁牛仔骨等。

## 九、上汤扒鱼唇

**所属菜系**：新派上海菜

**所属类型**：地方特色菜

**所属技法**：烩菜类

**原料**：水发鱼唇 500 克、蒸发珧柱 15 克、菜心 200 克、姜汁酒适量、葱姜蒜片共 25 克。

**调料**：黄酒 15 克、上汤 250 克、盐 3 克、老抽少许、味精 2 克、湿生粉 20 克、胡椒粉少许、香葱油适量。

**烹制过程**：

（1）将水发鱼唇切成大骨排形，用姜汁酒焯水去腥，浸入加过调料烧沸的上汤中，加盖浸泡，待用。

（2）菜心飞水，加咸鲜水、湿生粉勾芡翻匀，淋上清油。

（3）蒸发珧柱撕成丝，入油锅炸脆，待用。

（4）锅置火上，锅烧热滑锅，留余油用葱姜蒜炝锅，加入上汤略滚，滤去葱姜蒜。

（5）放入浸泡过的鱼唇，加黄酒、盐、胡椒粉小火焖 15 分钟，加味精，用湿生粉勾芡；再用少许老抽调色，调成金黄色；淋适量葱香油装盆，菜心围边，炸珧柱丝撒在鱼唇上即成。

**质量要求**：色泽金黄，柔软肥糯，醇香咸鲜。

**工艺关键**：

（1）水发鱼唇要撇去腐肉及鱼骨。

（2）鱼唇需小火煨制，因为鱼唇胶质浓易煳锅。

**温馨提示**：鱼唇可以上汤烧制，也可加虾籽调味；还可烹制成红烧鱼唇及奶汤鱼唇等菜肴。

## 十、玫瑰生菜牛

**所属菜系**：新派粤菜

**所属类型**：地方特色菜

**所属技法**：炸裹类

**原料**：青岛 A 级牛柳 150 克。

**副料**：球生菜半棵，玫瑰花一朵，玫瑰花瓣 3 片。

**调料**：蒜茸香炸粉 25 克、生粉 15 克、鸡蛋黄 1 只、桂冠沙拉酱 50 克、精盐 2 克、黄酒 10 克。

**烹制过程**：

（1）牛里脊敲松，切成手指大小的条，加盐、黄酒腌制一下，再加鸡蛋黄、生粉拌匀，裹上香炸粉待用；球生菜一朵，玫瑰花瓣分别切成细丝。

（2）锅置火上，油烧至三成热，将牛柳条慢炸至熟捞起，蘸上沙拉酱，再裹上生菜丝，整齐摆放于已垫花纸的盘中，撒上玫瑰花丝，中央摆上玫瑰花装饰。

**质量要求**：色彩美观、西菜中做、风味独特。

**工艺关键**：

（1）牛里脊要拍松，又有利于吸水，保持嫩度。

（2）球生菜取无根的一面。

（3）浆牛肉：1 斤牛肉、1 匙蚝油、3 钱盐、1 钱食粉、4 钱松肉粉、2 钱糖、半个鸡蛋、7 钱生粉、4 两清水。

**温馨提示：**

（1）外裹生菜丝，也可用炸土豆丝、红薯丝（浸泡去糖分）、春卷皮丝等。

（2）原料也可用海鲜类，如沙拉虾球、沙律银鳕鱼、沙律鲜贝等。

## 十一、酒酿花雕武昌鱼

伊鲂，学名团头鲂，俗称武昌鱼，形似鳊鱼。伊河伊川至巩县段所产最佳，与洛河鲤鱼齐名，谚曰："洛鲤伊鲂，贵如牛羊"。伊鲂入馔，在古籍中早有记载。三国时陆机在《毛诗草木鸟兽虫鱼疏》中说："伊洛鲂鱼广而薄，肥恬而少力，细鳞，鱼之美者。"伊鲂之美在于肉质细嫩，滋味清鲜，为鳊鱼之上品，尤宜清蒸。"此菜为豫菜名品。

**所属菜系：**新派湖北菜

**所属类型：**地方特色菜

**所属技法：**蒸菜类

**原料：**鲜活武昌鱼 1 条（约 600 克）、肉葱 20 克、仔姜 15 克、京葱 50 克、红尖椒 20 克。

**调料：**

（1）酒酿 25 克、自吊糟油 75 克、鸡汤 100 克、味精 2 克、精盐 2 克、白砂糖 3 克、鸡精 2 克。

（2）鸡油 10 克、猪油 10 克、精盐 3 克、黄酒 10 克、胡椒粉 1 克。

**烹制过程：**

（1）武鲳鱼宰杀后冲洗干净，切成 1 厘米厚，梳子形；加盐、味精、胡椒粉、黄酒抓匀略腌渍。

（2）京葱、仔姜、红尖椒分别切成细丝。

（3）将腌渍过的武昌鱼摆成孔雀形，铺上酒酿，上笼蒸 3～4 分钟。另将以上调料拌匀，放入盘内一起蒸。

（4）蒸好的武昌鱼，滗出汁，撒上葱姜红椒丝。滗出的汁加入调料汁，勾芡加热猪油、鸡油，淋上即可。

**质量要求：**晶莹洁白、造型美观，肉质细嫩，鲜香咸甜。

**工艺关键：**

（1）梳子刀厚薄要均匀。

（2）控制好上笼蒸的时间，控制在 4 分钟内，以免肉质变硬。

**温馨提示：**此调味汁目前上海地区较流行，可蒸鱼贝壳类等海河鲜。如：酒酿花雕蒸鲥鱼、花雕蒸鲜带子、酒酿蒸银鳕鱼等。

## 十二、花雕酒蒸鲥鱼

**所属菜系：**新派上海名菜

**所属类型:**地方特色菜

**所属技法:**蒸菜类

**原料:**大鲫鱼半条 750 克、火腿片 10 片、姜 10 片、厚菇 10 片、肉葱 2 条、大姜 3 片、葱花 5 克、香菜两条点缀用。

**调料:**腌料:黄酒 10 克、精盐 5 克、味精 3 克、胡椒粉 1 克;蒸鱼花雕汁 200 克、酒酿 50 克。

**烹制过程:**

(1) 鲫鱼去腮内脏,剖成两片(小心要保持鱼鳞完整),用黄酒、盐、味精、胡椒粉腌制片刻,用沸水浇淋鱼内侧。

(2) 将鲫鱼放入长腰盆内,垫肉葱 2 根、竹筷 1 根,带鱼鳞一面向上,摆放火腿姜片、菇片(摆成麒麟片状),铺上酒酿上笼蒸 6~7 分钟,取出滗汁换盆,剔去葱段姜片。

(3) 锅加葱、鸡油,烧热至冒烟,舀入手勺内,加葱花少许;热油浇淋在鱼身葱花上,倒入蒸鱼花雕汁即成。

**质量要求:**鲜香醇厚、肉嫩味美。

**工艺关键:**

(1) 现在市场上供应的都是进口鲫鱼,腥味较重,所以要暴腌、水烫去腥。

(2) 将鱼批成两片时,尽可能保持鱼鳞完整。

(3) 蒸鱼花雕汁:(以 12 厘米手勺为准)1 勺古越龙山(金 5 年陈)、1 勺上汤或清鸡汤、精盐 30 克、冰糖 40 克、火腿汁 1 匙、鸡汁 1 茶匙。

(4) 熬葱鸡油:鸡油(中芹菜头 2;生姜、小葱、洋葱 1),比例 2∶1。熬后滴加鸡油精适量。

**温馨提示:**此蒸鱼花雕汁用于蒸大白丝鱼中段也特鲜美;也可蒸贝壳类,如:扇贝王、娃娃蚌、芒果螺等。

## 十三、炒鳝糊包饼

端午时节的黄鳝圆肥丰满,肉质鲜美,营养丰富,不仅味道好,还具有滋补功能,因此民间有"端午黄鳝赛人参"之说:

清炒鳝糊,外观乌背发亮、鳝肚金黄的新鲜鳝丝,入油锅快速炒熟,撒上葱花和蒜茸。上桌前,大厨再浇一勺滚烫的热油,淋在蒜蓉和葱花上,顿时香气四溢。鳝糊裹着清甜的酱汁,入口带一丝微微的辛辣,归功于最后撒上少许的胡椒粉,刺激着味蕾,让人欲罢不能。

上海廊亦舫特色本帮菜馆,近年来不仅保持了传统特点,又吸收了北京烤鸭的元素,在传统做法的基础上增加了黄瓜丝、京葱丝、香菜和春饼,既缓解了鳝丝的油腻,又增添了丰富的口感;吃法亦仿北京烤鸭,让客人体验自己动手的乐趣,虽然该菜的售价比普通清炒鳝糊有所提升,但是点击率却明显高于原版。

**所属菜系:**创新菜

**所属类型:**地方特色

**所属技法:**熟炒类

**口味:**咸中带甜

**原料:**野生黄鳝 500 克(泡熟,去骨,去肠约得鳝肉 400 克)。

**副料:**鸭饼 12 只、黄瓜丝 50 克、京葱丝 25 克、香菜 15 克。

**调料:**料酒 10 克、老抽 10 克、糖 10 克、生抽 10 克、盐 3 克味精 0.5 克、胡椒粉 1 克、麻油 5 克、葱姜蒜各 5 克、湿生粉 25 克、精制油 15 克。

**烹制过程:**

(1)将小汤桶加入 2 汤勺清水烧滚,加少许盐、醋,放入鳝鱼盖上盖(约 2 分钟左右),待鳝鱼张嘴时将鳝鱼捞出,用凉水冲凉。

(2)用左手食指与拇指按住鳝鱼,右手拿着划鳝片(如木工划线手势)顺鳝鱼脊背侧面划开,去除脊骨,再去肠,洗净。

(3)将鳝鱼净肉切成 6 厘米长的段;黄瓜、京葱、香菜分别洗净,黄瓜切成 5 厘米长的段,用平批滚料刀法成 2 毫米厚片不带籽,切丝;京葱切丝、分别装入 4 吋方味碟,香菜取带叶部分装入 3 吋圆味蝶;鸭饼装盘保温,待用。

(4)小葱洗净,分 2 份,分别切段、切末;姜洗净,分 2 份,分别切片、切末;蒜剥去蒜衣,拍烂剁末。

(5)锅中放清水烧开,放葱段、姜片、料酒,再将鳝鱼段开水氽一下,倒入漏勺控水。

(6)烧热锅,下油,烧至五成熟时,下姜茸、鳝鱼煸炒约 30 秒钟,喷入黄酒,加入酱油、盐、白糖、和二汤。

(7)等鳝鱼丝烧上色,用生粉水勾芡,翻炒片刻,见卤汁包住鳝丝时,淋上香油,拌匀后起锅装入碟中。

(8)随即将鳝鱼糊中处揪凹,周围洒胡椒粉,碟边缘分别照捞窑字形放上蒜蓉和葱花淋入少许麻油。

(9)置净锅大火上,放入清油烧至冒青烟时倒入鳝糊凹处;与鸭饼、黄瓜、京葱、香菜一起迅速上桌即可。

**质量要求:**卤汁紧裹、鲜嫩滑软、咸中带甜、口味醇厚、香味扑鼻、营养丰富。

**工艺关键:**

(1)死鳝有毒,不堪入撰。这是因为黄鳝蛋白质构造中含有很多组氨酸,黄鳝一旦死后蛋白质结构就会迅速分解,细菌乘虚而入,组氨酸很快就会转化为一种有毒物质——组胺,人吃了之后会中毒,轻则头晕、头痛、心慌、胸闷,重则会出现低血压等不适。

(2)活鳝加工有生剖、熟划之分,炒鳝糊必须用熟鳝段入烹,始为本帮正宗风味。

(3)鳝鱼不可烫得过轻或过重,否则不易剔骨。

(4)烹制时,油不能太多,因为最后要用香油淋浇。

**温馨提示:**

鳝鱼:鳝鱼富含 DHA 和卵磷脂它是构成人体各器官组织细胞膜的主要成分,而且是脑细胞不可缺少的营养；鳝鱼特含降低血糖和调节血糖的"鳝鱼素"，且所含脂肪极少是糖尿病患者的理想食品；鳝鱼含丰富维生素 A，能增进视力，促进皮膜的新陈代谢。鳝鱼具有补中益气、养血固脱、温阳益脾、滋补肝肾、祛风通络等功效，适用内痔出血、气虚脱肛、产后瘦弱、妇女劳伤、子宫脱垂、肾虚腰痛、四肢无力、风湿麻痹、口眼歪斜等症。

本菜品不仅是一道美味佳肴，而且是一种补益上品。鳝鱼含有丰富的矿物质和微量元素、维生素，含有丰富的钙、铁。能使人代谢活跃，精力旺盛。中医认为，鳝鱼有补益气血、强筋健骨、祛风除湿、壮阳生精之功。对于病后体弱、气血不足、风寒湿痹、产后恶露淋漓、下痢脓血等有食疗作用。

## 十四、香邑金桔牛排（传统与时尚相结合）

"香邑金桔牛排"是在红烧牛排的基础上增加金桔与香邑白兰地，有点睛之妙。用金桔入馔是种首创，一是取其形状，金红圆桔搭配黑色方牛排，雅趣天成；二是取其风味，天然的酸、甜与牛排搭配之后渗透到原料内，达到完美相融。

**所属菜系：**新派上海菜

**所属类型：**地方特色菜

**所属技法：**红烧类

**原料：**牛肋排 750 克。

**副料：**金桔 250 克，洋葱块 200 克，孢子芥蓝 75 克，罐装鹰嘴豆 35 克，小豌豆 45 克。

**调料：**白兰地 45 克，生抽 100 克，老抽 20 克，白糖 45 克，鸡精 15 克，蚝油 15 克，黑椒碎 20 克。香料：青花椒，大料，辣椒，桂皮，香叶，陈皮，小茴。

**烹制过程：**

（1）牛肋排改刀成长方块焯水待用。

（2）锅放底油，煸香洋葱块后再下入牛排煸炒，烹白兰地，加入一半金桔和其余调料，添清水（没过原料）大火烧开，改中火焖至牛排酥烂入味后捞出，原汤过滤。

（3）将牛排及原汤入锅，放入另外一半金桔，大火收浓汤汁、调好口味，再淋少许白兰地，勾薄芡，出锅后按位装盘，并撒入提前焯过水的孢子芥蓝、熟鹰嘴豆、小豌豆即可。

**质量要求：**摆盘自然，色泽红亮，果味清新。

**工艺关键：**

（1）老抽味道淡，是用来上颜色的，生抽很咸，颜色浅，是用来入味的。

（2）烧到最后，汤不要收得太干，大火收浓汤汁略勾少量芡，即可。

（3）江浙沪一带都喜欢加点糖进去的，可以提鲜，觉得味道更好。所以在烧到最后阶段，可以撒点白糖或者冰糖进去，开大火煮几分钟，肉的色泽也会更好看。

（4）在烧的时候，加入水之后，最好能转移到炖锅里炖着，效果更好。

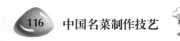

### 十五、新加坡辣椒蟹

辣椒螃蟹之所以成为新加坡的国菜,又被人誉为狮城名片,和新加坡菜肴的固有特点是分不开的。

新加坡是滨海国家,海产丰饶。由于多元化的种族文化背景,加上新移民的涌入,令"融合"成为新加坡美食最重要的特色。

而这些特点,在辣椒螃蟹这道菜上表现得格外突出。尤其是这"辣椒酱",更能说明问题。这辣椒酱并非简单的由辣椒构成。而是在辣椒酱中,加入了大量的香料,如石栗、黄姜、南姜、香茅等,从而使这道菜有了马来菜、印度菜甚至其他东南亚菜的风格;但菜中用到的黄磨豉却是华人爱用的;还有番茄酱,则符合欧美人的口味。所以,这道辣椒螃蟹,就成了关注度极高的食物,让人很容易就会爱上。

**所属菜系:**新派上海菜

**所属类型:**地方特色菜

**所属技法:**红汤焗类

**原料:**红膏蟹 2 只,重约 400 克/只。

**副料:**鸡蛋 3 只、芫荽(香菜)2 小棵

**小料:**小米辣椒 3 只、干葱 2~3 只、洋葱 1/4 只、大蒜 3 瓣、生姜 10 克、肉葱 20 克。

**调料:**虾酱 1 大匙、番茄酱 1.5 大匙、甜辣酱 3 大匙、鱼露 1 匙、砂糖 1.5 大匙、柠檬汁 1/4 只、黑胡椒 1 小勺,高良姜(galangal)、柠檬草各少许、荬粉 1.5 大匙、精制油适量。

**烹制过程:**

(1)将活蟹洗干净,去壳,去腮和胃。蟹身体切成六件,拍少量干淀粉待用。

(2)辣椒切粒、洋葱、干葱切米,大蒜切茸、葱切花、姜切末。

(3)净锅添油,烧七成热,将蟹件、蟹盖推入炸至鲜红色,捞出沥油。

(4)原锅留适量油,加入辣椒、干葱、洋葱碎和姜蒜蓉爆香,加入黑胡椒末、番茄酱,虾酱,甜辣酱中火翻炒到均匀,出香味,再加一点高汤、鱼露、糖、高良姜和柠檬草炒匀成红汤汁。

(5)在红汤汁煮滚后将炸过的蟹块放入红汤中再微煮滚约 3 分钟左右,勾荬捞出蟹块装盘。锅中余下的汤汁加入鸡蛋搅散,炒匀,淋在蟹件、盖上,再放上葱花香菜即成。

配米饭,炸馒头,硬壳面包,或者拌面都可以。炸黄金馒头配辣椒蟹是最原汁原味的吃法。

**质量要求:**色泽红艳、焦脆甘香、味鲜质爽、酸、辣、鲜、香、回味带甜。

**工艺关键:**

(1)宰杀后,一定要将外表刷洗干净。

(2)炸前干粉不能拍的过多。

(3)焗时掌握好火候,味不能重。

# 附录 《中国名菜制作技艺》课程标准

## 一、面向专业/学习领域职业描述

"中国名菜制作技艺"是一门具有极高实用价值的专业技术课程,是我国烹调文化和技术的结晶。"中国名菜制作技艺"是一门综合性技术学科,主要研究的内容是中国名菜文化、原料质量鉴定、烹饪技术研究与创新、调味技术与创新、传统名菜与创新菜肴研究。通过本课程的学习,使学生综合应用本专业所学的烹调工艺方面的知识和基本技能,通过比较研究中国名菜的传承文化、用料特点、烹饪技术、调味技术和菜肴特色,系统地提高学生烹饪工艺技术,培养职业素质和产品开发能力。

## 二、(学习领域)课程定位

课程名称:《中国名菜制作技术》
预修课程:《烹饪原料学》、《饮食文化》、《烹饪工艺学》、《烹饪技艺》
"中国名菜制作技艺"课程是烹饪工艺与营养专业的一门专业主干课,通过本课程的学习,使学生综合应用本专业所学的烹调工艺方面的知识和基本技能,通过比较研究中国名菜的传承文化、用料特点、烹饪技术、调味技术和菜肴特色,系统地提高学生烹饪工艺技术,培养职业素质和产品开发能力。

## 三、开设时间/学习领域情境划分与时间安排

| 学习领域 | 教学模块 | 情景教学 | | | | 学时分配 |
|---|---|---|---|---|---|---|
| 学习领域1 | 模块1:基础部分(综合知识与技术应用) | 情景1:名菜原料认识与鉴定 | 情景2:调味汁加工 | 情景3:烹调技术训练(实训) | 情景4:综合实训与分析 | 12 |
| 学习领域2 | 模块2:名菜剖析(名菜制作技术分析) | 情景5:地方名菜制作与剖析1 | 情景6:地方名菜制作与剖析2 | 情景7:地方名菜制作与剖析3 | 情景8:地方名菜制作与剖析4 | 24 |
| 学习领域3 | 模块3:创新菜肴与菜肴创新制作(指导与创新成果展示) | 情景9:菜肴创新作品展示1 | 情景10:菜肴创新作品展示2 | 情景11:菜肴创新作品展示3 | 情景12:菜肴创新作品综合展示 | 18 |

### 四、学时和学分

（1）学时：54

（2）学分：3

### 五、课程目标/学习领域目标/关键能力

（一）知识目标

（1）具备良好的专业化素质；

（2）掌握扎实的烹调文化和工艺理论基础；

（3）熟悉菜肴原料知识和质量鉴定技巧；

（4）具备熟练烹调基本技术；

（5）掌握烹饪研究方法；

（6）掌握地方菜肴制作技术；

（7）菜肴制作和调味技术的创新能力。

（二）能力目标

（1）知识结构的重心放在名菜制作用料方法、烹饪调味技巧以及烹饪技术等研究上，通过研究型实践和指导，达到举一反三的效果，发挥学生创新能力。理论联系实际、通过系统性学习和实践培养学生的学习专业方法和能力。不仅强调专业性、技术性，又要强调基础性，要使基础知识与专业知识相融合，内化为学生的能力，有助于专业发展。

（2）注意学科知识间的渗透与综合，重视知识与实用性的沟通、转化，在教学应用实践中体会知识综合化的魅力，使学生学会用综合化知识解决专业性、技术性管理问题。

（三）素质目标

（1）社会素质：专业知识和实践教学同时加强学生职业素质培养，对专业发展、特点、能力和从业态度等方面积极引导，使人具备职业素养和礼仪气质职业人才。

（2）心理素质：培养学生具备良好心理素质，实践教学注重培养学生专业自信心，为提高职业沟通能力夯实基础，有助于学生今后职业生涯的发展。

### 六、课程内容设计/学习领域情境设计

| 学习领域课程：《中国名菜制作技艺》 | | | 计划学时：54 |
|---|---|---|---|
| 情境编号 | 学习情境名称 | 情境描述 | 学时分配 |
| 1~4 | 模块 1：基础部分（综合知识与技术应用） | 1. 项目任务：原料使用实践项目；营养配伍实践项目、调味技术实践项目；调味品识别、加工、调味汁配制；烹调技术实践项目<br>2. 知识点：原料识别、加工、使用；原料营养认识、合理搭配、营养分析；调味品识别、加工、调味汁配制；刀工训练、勺功训练、烹调训练要领 | 12 |

（续表）

| 学习领域课程：《中国名菜制作技艺》 | | | 计划学时：54 |
|---|---|---|---|
| 情境编号 | 学习情境名称 | 情境描述 | 学时分配 |
| 5～8 | 模块2：名菜剖析（名菜制作技术分析） | 1. 项目任务：名菜分析（原料使用分析项目；营养配伍分析项目；调味技术分析项目；烹调技术分析项目）<br>2. 知识点：原料使用秘诀；配伍秘诀；调味秘诀；烹调技术特色 | 24 |
| 9～12 | 模块3：创新菜肴与菜肴创新制作（指导与创新成果展示） | 1. 项目任务：创新菜肴设计（原料使用创新项目；营养配伍创新项目；调味技术创新项目；烹调技术创新项目）<br>2. 知识点：原料、科学配餐、调味技术、烹饪技艺创新知识 | 18 |
| | 复习考试 | | |

## 七、教学环节(思路)设计

| 学习领域课程 | 《中国名菜制作技艺》 | 计划学时：54 |
|---|---|---|
| 学习情境1 | 基础部分(综合知识与技术应用)<br>名菜原料认识与鉴定 | 学时分配：3 |
| 学习目标 | 1. 学会原料品种合理使用<br>2. 学会原料质量选择<br>3. 懂得原料营养配伍<br>4. 掌握原料加工特点<br>5. 学会原料调味方式<br>6. 掌握原料烹饪方法 | |
| 学习任务 | 1. 项目任务：原料使用实践项目；营养配伍实践项目、调味技术实践项目<br>2. 知识点：原料识别、加工、使用；原料营养认识、合理搭配、营养分析 | |
| 宏观教学法 | 1. 理论教学采取直观教学，采用多媒体技术、图片和案例进行形象教学<br>2. 实践教学采取体验法教学，教学指导、学生主导方式进行实践实验，引导学生总结经验发挥主观能动性，开发创新意识，培养学习能力、工作能力 | |
| 学习必备基础 | 具备一定专业操作能力，熟悉烹饪原料、调味品和营养知识 | |
| 教师必备基础 | 具备熟练烹饪技艺和丰富实践经验，并对中国名菜有深入研究 | |
| 教学媒体 | 多媒体投影设备、原料加工烹调实验室 | |
| 工具材料 | 电脑与打印设备：表格制作与打印 | |

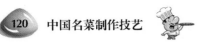

（续表）

| 阶段 | | 工作过程 | 微观教学法建议 | 学时 |
|---|---|---|---|---|
| 学习步骤 | 资讯 | 教师行为 | 1. 理论课件准备：介绍原料、调味与烹饪技术要领<br>2. 原料准备：介绍各类原料、调味料 | 具体指导原料特点、调味方式、烹饪技法以及原料之间搭配 | 2 |
| | | 学生行为 | 1. 分组，指导学生明确课程内容和需要完成任务<br>2. 准确记录各类知识与技术要领 | 分别指导学生掌握知识点和积累经验 | |
| | 计划与决策 | 学生行为 | 1. 按小组任务，制定完成任务计划，落实任务<br>2. 讨论记录，分析 | 讨论与实践 | |
| | | 教师行为 | 指导与剖析 | 分组辅导 | |
| | 实施 | 学生行为 | 分组总结实践体会，发挥创新思维 | 讨论整合 | |
| | | 教师行为 | 指导与分析 | 讨论 | |
| | 检查与评估 | 学生行为 | 学生汇报 | 小组汇报 | 1 |
| | | 教师行为 | 1. 分析<br>2. 教师评价记录分数 | 教师点评 | |

| 学习领域课程 | 《中国名菜制作技艺》 | 计划学时：54 |
|---|---|---|
| 学习情境2 | 调味汁加工 | 学时分配：3 |
| 学习目标 | 1. 学会调味汁配制方法<br>2. 学会调味汁研究方法<br>3. 学会名菜调味技巧<br>4. 学会调味汁创新途径与方法 | |
| 学习任务 | 1. 项目任务：调味技术实践项目；调味品识别、加工、调味汁配制；烹调技术实践项目<br>2. 知识点：调味品识别、加工、调味汁配制；刀工训练、勺功训练、烹调训练要领 | |
| 宏观教学法 | 1. 理论教学采取直观教学，采用多媒体技术、图片和案例进行形象教学<br>2. 实践教学采取体验法教学，教学指导、学生主导方式进行实践实验，引导学生总结经验发挥主观能动性，开发创新意识，培养学习能力、工作能力 | |

（续表）

| 学习领域课程 | 《中国名菜制作技艺》 | 计划学时：54 |
|---|---|---|
| 学习情境 2 | 调味汁加工 | 学时分配：3 |
| 学习必备基础 | 1. 有一定食品方面知识、调味品知识，具有一定实践操作技术与经验<br>2. 具备一定专业基础知识 | |
| 教师必备基础 | 1. 熟悉调味品品种与特点<br>2. 熟悉名菜调味汁配制及方法<br>3. 熟悉调味汁发展 | |
| 教学媒体 | 1. 多媒体教室<br>2. 烹饪加工试验室 | |
| 工具材料 | 1. 烹饪加热工具<br>2. 调味品样本准备 | |

| | 阶段 | 工作过程 | | 微观教学<br>法建议 | 学时 |
|---|---|---|---|---|---|
| 学习步骤 | 资讯 | 教师行为 | 1. 理论课件准备<br>2. 原料与调味品采购与准备 | | 2 |
| | | 学生行为 | 1. 预习课程内容与任务<br>2. 预习原料与调味品种类及特点<br>3. 收集调味汁品种与配制特点等方面的资料 | 布置任务，主动自主学习 | |
| | 计划与决策 | 学生行为 | 1. 根据任务制定实验计划<br>2. 分组，明确任务与要求进行调味汁配制 | | |
| | | 教师行为 | 个别与分组指导 | | |
| | 实施 | 学生行为 | 1. 试验报告撰写<br>2. PPT 汇报 | 辅导 | |
| | | 教师行为 | 检查审核 | | |
| | 检查与评估 | 学生行为 | 1. 提交个人学习报告<br>2. 按组 PPT 汇报调查结果 | | 1 |
| | | 教师行为 | 1. 检查个人报告，记录分数<br>2. 评估小组报告，记录分数 | 点评 | |

（续表）

| 学习领域课程 | | 《中国名菜制作技艺》 | | 计划学时:54 |
|---|---|---|---|---|
| 学习情境 3 | | 烹调技术训练(实训) | | 学时分配:3 |
| 学习目标 | | 1. 学会名菜制作的主要技术<br>2. 掌握名菜制作烹饪技术的特点与诀窍<br>3. 学会烹饪技术创新的主要方法<br>4. 学会技术创新的研究方法 | | |
| 学习任务 | | 1. 项目任务:选择具有典型特色的名菜进行实训,总结分析烹饪技法特色,举一反三讨论菜肴烹饪技术创新<br>2. 知识点:掌握烹饪技术及要领,名菜传承技术特点 | | |
| 宏观教学法 | | 1. 理论教学采取直观教学,采用多媒体技术、图片和案例进行形象教学<br>2. 实践教学采取体验法教学,教学指导、学生主导方式进行实践实验和市场调查,引导学生总结经验发挥主观能动性,开发创新意识,培养学习能力、工作能力 | | |
| 学习必备基础 | | 1. 具有较好烹饪技术和菜肴制作方面知识<br>2. 具备一定烹饪研究能力 | | |
| 教师必备基础 | | 1. 熟悉中国名菜制作要领和诀窍<br>2. 熟悉菜肴创新发展趋势和特点<br>3. 熟悉菜肴创新研究方法和经验 | | |
| 教学媒体 | | 1. 多媒体教室<br>2. 烹饪创新实验室<br>3. 烹饪操作实验室 | | |
| 工具材料 | | 1. 烹饪加工原料工具<br>2. 烹饪用料准备 | | |
| | 阶段 | 工作过程 | | 微观教学<br>法建议 | 学时 |
| 学习步骤 | 资讯 | 教师行为 | 1. 理论课件准备<br>2. 烹饪准备工作<br>3. 课程设计 | 直观、启发、案例分析 | 2 |
| | | 学生行为 | 1. 预习名菜知识与文化典故<br>2. 预习菜肴制作技术流程和要领<br>3. 收集菜肴创新相关资料 | 布置任务,主动自主学习 | |
| | 计划与决策 | 学生行为 | 1. 个人理论知识预习任务<br>2. 分组,明确任务与要求,制定烹饪研究计划<br>3. 制定烹饪工作流程 | | |
| | | 教师行为 | 个别与分组指导 | | |

（续表）

| | 阶段 | | 工作过程 | 微观教学<br>法建议 | 学时 |
|---|---|---|---|---|---|
| 学习步骤 | 实施 | 学生行为 | 1. 各小组按任务要求汇总菜肴<br> 制作特点与体会<br>2. PPT 汇报 | 辅导 | |
| | | 教师行为 | 检查审核。 | | |
| | 检查与评估 | 学生行为 | 1. 提交个人学习报告<br>2. 按组 PPT 汇报调查结果 | | 1 |
| | | 教师行为 | 1. 检查个人报告，记录分数<br>2. 评估小组报告，记录分数 | 点评 | |

| 学习领域课程 | 《中国名菜制作技艺》 | 计划学时：54 |
|---|---|---|
| 学习情境 4 | 综合实训与分析 | 学时分配：3 |
| 学习目标 | 1. 掌握菜肴创新原材料加工创新技术<br>2. 掌握菜肴创新中调味汁创新技术<br>3. 掌握菜肴创新中烹饪技术创新技巧<br>4. 培养综合应用知识与技术进行菜肴创新，达到综合能力的提高 | |
| 学习任务 | 1. 项目任务：自由选择制作菜肴原料、调味料，设计菜肴制作流程，烹制菜肴展示，总<br> 结汇报菜肴特点和创新设计思路<br>2. 知识点：综合应用原料知识、调味料知识和菜肴设计制作知识 | |
| 宏观教学法 | 1. 理论教学采取直观教学，采用多媒体技术、图片和案例进行形象教学<br>2. 实践教学采取体验法教学，教学指导、学生主导方式进行实践实验和市场调查，引<br> 导学生总结经验发挥主观能动性，开发创新意识，培养学习能力、工作能力 | |
| 学习必备基础 | 1. 经过前期强化训练，掌握用料、调味研究和烹饪技法创新实践<br>2. 选择菜肴创新主要途径，具有一定菜肴设计能力与经验<br>3. 熟练掌握烹饪技术<br>4. 主动学习，掌握菜肴发展趋势和信息资料 | |
| 教师必备基础 | 1. 熟悉中国名菜制作秘诀<br>2. 熟悉菜肴创新发展趋势和典型菜肴制作特点<br>3. 具备菜肴创新研究技术和经验 | |
| 教学媒体 | 1. 多媒体教室设备<br>2. 烹饪加工试验室<br>3. 餐厅 | |
| 工具材料 | 1. 菜肴制作原料与加工工具<br>2. 各类实验总结表格 | |

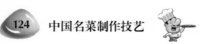
（续表）

| 阶段 | | 工作过程 | 微观教学法建议 | 学时 |
|---|---|---|---|---|
| 学习步骤 | 资讯 | 教师行为 | 1. 理论课件准备<br>2. 布置创新菜肴展示任务与要求<br>3. 原料准备<br>4. 课程设计 | 讲授、指导、讨论相结合 | 2 |
| | | 学生行为 | 1. 按布置任务完成创新菜肴相关资料的收集<br>2. 按要求准备创新实验准备<br>3. 分组讨论创新菜肴设计与计划制定 | | |
| | 计划与决策 | 学生行为 | 1. 制定任务计划<br>2. 讨论分组任务和要求 | | |
| | | 教师行为 | 1. 分组现场指导<br>2. 结果汇总的辅导 | | |
| | 实施 | 学生行为 | 1. 计划实施<br>2. 成果展示与总结<br>3. 汇报 PPT 制作 | | |
| | | 教师行为 | 指导完成任务 | | |
| | 检查与评估 | 学生行为 | PPT 汇报 | 讨论、分析 | 1 |
| | | 教师行为 | 点评与总结，记录成绩 | | |

| 学习领域课程 | 《中国名菜制作技艺》 | 计划学时：54 |
|---|---|---|
| 学习情境 5～8 | 地方名菜制作与剖析 1～4 | 学时分配：24 |
| 学习目标 | 1. 掌握中国主要典型名菜的知识和特点<br>2. 掌握典型名菜的制作技艺和调味技术<br>3. 掌握典型名菜的原料加工诀窍和特点<br>4. 掌握典型名菜的改良特点 | |
| 学习任务 | 1. 项目任务：名菜分析（原料使用分析项目；营养配伍分析项目；调味技术分析项目；烹调技术分析项目）<br>2. 知识点：原料使用秘诀；配伍秘诀；调味秘诀；烹调技术特点 | |

（续表）

| 学习领域课程 | 《中国名菜制作技艺》 | 计划学时：54 |
|---|---|---|
| 学习情境5～8 | 地方名菜制作与剖析1～4 | 学时分配：24 |

| 宏观教学法 | 1. 理论教学采取直观教学，采用多媒体技术、图片和案例进行形象教学<br>2. 实践教学采取体验法教学，教学指导、学生主导方式进行实践实验和市场调查，引导学生总结经验发挥主观能动性，开发创新意识，培养学习能力、工作能力 |
|---|---|
| 学习必备基础 | 1. 经过强化训练，掌握菜肴制作基本技术和经验<br>2. 对菜肴创新形成特色具有一定思想和思路 |
| 教师必备基础 | 1. 熟悉中国名菜文化知识<br>2. 熟悉中国名菜用料、调味和烹饪技术与要领<br>3. 熟悉现代菜肴改革与创新趋势与特点 |
| 教学媒体 | 1. 多媒体教室<br>2. 烹饪研究实验室<br>3. 实训加工操作间<br>4. 餐厅 |
| 工具材料 | 1. 烹饪原料与调味料以及加工工具<br>2. 记录文具 |

| | 阶段 | | 工作过程 | 微观教学<br>法建议 | 学时 |
|---|---|---|---|---|---|
| 学习步骤 | 资讯 | 教师行为 | 1. 理论教学课件准备<br>2. 课程设计与烹饪准备工作<br>3. 实验指导与分析指导 | 直观教学、启发教学 | 8 |
| | | 学生行为 | 1. 中国典型名菜相关资料收集<br>2. 明确任务和实验步骤 | | |
| | 计划与决策 | 学生行为 | 1. 分组，按要求落实任务<br>2. 制定实验计划 | | |
| | | 教师行为 | 分组指导 | | |
| | 实施 | 学生行为 | 1. 分组实验<br>2. 实验成果展示与品尝检验<br>3. 汇总实验结果，制作PPT | | |
| | | 教师行为 | 分组指导 | | |
| | 检查与评估 | 学生行为 | 1. PPT汇报<br>2. 讨论 | | 4 |
| | | 教师行为 | 1. 点评<br>2. 总结<br>3. 成绩评定 | 讨论、分析、点评 | |

（续表）

| 学习领域课程 | 《中国名菜制作技艺》 | 计划学时:54 |
|---|---|---|
| 学习情境 9～11 | 菜肴创新作品展示 1～3 | 学时分配:9 |

| 学习目标 | 1. 掌握菜肴创新主要途径与方法<br>2. 综合提升学生创新能力<br>3. 培养学生具备创新思维、研究与发展能力 |
|---|---|
| 学习任务 | 1. 项目任务:创新菜肴设计(原料使用创新项目;营养配伍创新项目;调味技术创新项目;烹调技术创新项目)<br>2. 知识点:原料、科学配餐、调味技术、烹饪技艺创新知识 |
| 宏观教学法 | 1. 理论教学采取直观教学,采用多媒体技术、图片和案例进行形象教学<br>2. 实践教学采取体验法教学,教学指导、学生主导方式进行实践实验和市场调查,引导学生总结经验发挥主观能动性,开发创新意识,培养学习能力、工作能力 |
| 学习必备基础 | 1. 经过强化训练与中国名菜评析实践<br>2. 认真收集中国名菜相关信息资料以及菜肴创新趋势与特点<br>3. 善于思考,掌握烹饪研究,认真分析记录各类信息,联系实际应用总结经验<br>4. 具备综合应用原料、调味和烹饪技术能力 |
| 教师必备基础 | 1. 具有长期从事菜肴创新经验,具有良好的烹饪技术与经验<br>2. 具有良好的烹饪教学经验和方法<br>3. 认真细致耐心辅导学生,寓教于乐影响学生的专业学习和发展 |
| 教学媒体 | 1. 多媒体教室<br>2. 烹饪加工试验室与烹饪研究室<br>3. 加工必要工具和记录表格 |
| 工具材料 | 1. 各种创新菜肴制作用料和工具<br>2. 必要菜肴制作参考资料和书籍 |

| 学习步骤 | 阶段 | | 工作过程 | 微观教学<br>法建议 | 学时 |
|---|---|---|---|---|---|
| 学习步骤 | 资讯 | 教师行为 | 1. 理论课件制作<br>2. 任务设计和相关资料准备<br>3. 调味品与原材料准备<br>4. 课程设计 | 直观教学、启发教学、实践教学、个别辅导 | 6 |
| | | 学生行为 | 1. 根据课程要求认真收集资料<br>2. 准备工作,分组明确任务 | | |

（续表）

| 阶段 | | 工作过程 | 微观教学<br>法建议 | 学时 |
|---|---|---|---|---|
| **学习步骤** | 计划与决策 | 学生行为 | 1. 制定市场调查计划和相关准备工作<br>2. 制定小组加工设计，制定计划 | | |
| | | 教师行为 | 1. 分组分配任务<br>2. 指导计划制定 | | |
| | 实施 | 学生行为 | 1. 按计划要求实施<br>2. 认真做好总结<br>3. 制作小组汇报 PPT | | |
| | | 教师行为 | 1. 现场指导学生，解决出现问题<br>2. 指导学生做好成果展示 | | |
| | 检查与评估 | 学生行为 | 1. 成果展示与品尝鉴定<br>2. 小组汇报<br>3. 提交总结报告 | 讨论式 | 3 |
| | | 教师行为 | 1. 组织汇报<br>2. 分析、评价记录成绩 | | |

| 学习领域课程 | 《中国名菜制作技艺》 | 计划学时：54 |
|---|---|---|
| 学习情境 12 | 菜肴创新作品综合展示 | 学时分配：9 |
| 学习目标 | 1. 学会结合主题进行宴会设计<br>2. 学会结合主题进行菜肴设计<br>3. 培养学生形成菜肴创新个性 | |
| 学习任务 | 1. 设计宴会主题<br>2. 菜肴创新作品综合展示 | |
| 宏观教学法 | 1. 理论教学进行宴会设计、菜肴设计指导<br>2. 实践教学采取体验法教学，教学指导、学生主导方式进行实践，引导学生总结经验发挥主观能动性，开发创新意识，培养学习能力、工作能力 | |
| 学习必备基础 | 1. 餐饮宴会设计与服务知识与技术<br>2. 具备菜肴创新技术与经验 | |
| 教师必备基础 | 1. 熟悉餐饮管理与服务<br>2. 熟悉现代宴会服务知识和技术<br>3. 熟悉学生；指导学生 | |

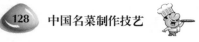

（续表）

| 学习领域课程 | 《中国名菜制作技艺》 | 计划学时：54 |
|---|---|---|
| 学习情境 12 | 菜肴创新作品综合展示 | 学时分配：9 |

| 教学媒体 | 1. 多媒体教室<br>2. 餐厅<br>3. 烹饪实验室 |
|---|---|
| 工具材料 | 1. 餐饮服务用品和器具<br>2. 菜肴制作原料、调味料和设备工具 |

| | 阶段 | | 工作过程 | 微观教学法建议 | 学时 |
|---|---|---|---|---|---|
| 学习步骤 | 资讯 | 教师行为 | 1. 任务布置与要求<br>2. 宴会、菜肴制作准备工作 | | |
| | | 学生行为 | 1. 根据课程要求收集相关资料<br>2. 宴会主题设计准备 | | |
| | 计划与决策 | 学生行为 | 1. 确定宴会主题<br>2. 做好初步菜单设计 | | |
| | | 教师行为 | 1. 分组布置任务<br>2. 落实菜肴设计，制定制作流程和标准 | | |
| | 实施 | 学生行为 | 1. 菜肴生产<br>2. 宴会布置与服务 | 实践体验 | 8 |
| | | 教师行为 | 1. 检查小组成果<br>2. 组织品尝鉴定，汇总意见 | | |
| | 检查与评估 | 学生行为 | 1. 按组完成宴会制作成果成败问题汇总<br>2. 汇报，分析总结 | | |
| | | 教师行为 | 1. 组织完成各小组成果展示与服务<br>2. 指导小组交流<br>3. 分析总结，记录成绩 | 讨论交流 | 1 |

## 八、考核方式/学习领域能力测试与考核方式

1. 专业课程素质、知识、能力考核标准

| 专业能力 | 任务内容 | 技术要求 | 知识与素质要求 |
|---|---|---|---|
| 基础部分:综合知识与技术应用能力训练 | 1. 原料加工处理和原料创新实践<br>2. 调味汁配制研究实验<br>3. 烹饪技术研究 | 1. 掌握原料加工技术<br>2. 掌握调味料加工技术<br>3. 掌握烹饪技术训练 | 1. 掌握原料知识<br>2. 掌握调味料知识<br>3. 掌握烹饪技术原理 |
| 名菜剖析:名菜制作技术分析能力 | 1. 收集名菜相关知识、文化与技术资料<br>2. 菜肴制作实践,总结分析名菜用料、调味和烹饪技术特点 | 1. 菜肴制作与研究技术<br>2. 掌握名菜用料、调味和烹饪技术特点研究方法和经验 | 1. 中国名菜知识和文化<br>2. 中国名菜原料、调味和技术相关知识与经验 |
| 创新菜肴与菜肴创新制作:菜肴创新能力,指导与创新成果展示 | 1. 菜肴创新中用料创新<br>2. 菜肴创新中调味创新<br>3. 菜肴创新中烹饪技术创新 | 1. 宴会设计<br>2. 创新菜肴菜单设计<br>3. 菜肴展示与服务 | 1. 宴会知识<br>2. 宴会服务与菜单知识<br>3. 营养配餐知识 |

2. 专业课程素质、知识、能力考核标准比重表

• 理论知识

| 项　　目 | | | 比例(%) |
|---|---|---|---|
| 基本要求 | | 职业道德 | 20 |
| | | 基础知识 | 80 |
| 相关知识 | 基础部分:综合知识与技术应用能力训练 | 原料加工、调味汁配制和烹饪技术训练相关知识和技术原理 | 20 |
| | 名菜剖析:名菜制作技术分析能力 | 名菜相关资料收集,名菜制作中用料、调味盒技术分析总结 | 40 |
| | 创新菜肴与菜肴创新制作:菜肴创新能力,指导与创新成果展示 | 宴会主题和宴会菜单设计、菜肴制作设计和成果展示 | 20 |
| 合　　计 | | | 100 |

- 技术操作

| 项　　目 | | 比例（%） |
|---|---|---|
| 基本要求 | 职业礼仪 | 10 |
| | 卫生习惯 | 10 |
| 技术要求 | 基础部分：综合知识与技术应用能力训练<br>加工基本功强化训练 | 20 |
| | 名菜剖析：名菜制作技术分析能力<br>名菜制作技术和研究分析 | 40 |
| | 创新菜肴与菜肴创新制作：菜肴创新能力，指导与创新成果展示<br>创新菜肴制作技术 | 20 |
| 合　　计 | | 100 |

## 九、使用教材

《中国名菜制作技艺》教材。

## 十、教学条件与资源配置

（1）多媒体教室。

（2）原料陈列室一间（300平方米）。

（3）原料加工试验室一间（30人工位）。

（4）创新烹饪实验室一间（200平方米）。

（5）餐厅一间（500平方米）。